W0262274

Teubner Studienbücher

Physik

Becher/Böhm/Joos: **Eichtheorien der starken und elektroschwachen Wechselwirkung**
2. Aufl. DM 39,80

Berry: **Kosmologie und Gravitation.** DM 26,80

Bopp: **Kerne, Hadronen und Elementarteilchen.** DM 34,–

Bourne/Kendall: **Vektoranalysis.** 2. Aufl. DM 28,80

Büttgenbach: **Mikromechanik.** DM 32,–

Carlsson/Pipes: **Hochleistungsfaserverbundwerkstoffe.** DM 28,80

Engelke: **Aufbau der Moleküle.** 2. Aufl. DM 44,–

Fischer/Kaul: **Mathematik für Physiker**
Band 1: Grundkurs. 2. Aufl. DM 48,–

Goetzberger/Wittwer: **Sonnenenergie.** 3. Aufl. DM 32,–

Gross/Runge: **Vielteilchentheorie.** DM 39,80

Großer: **Einführung in die Teilchenoptik.** DM 26,80

Großmann: **Mathematischer Einführungskurs für die Physik.**
6. Aufl. DM 36,80

Grotz/Klapdor: **Die schwache Wechselwirkung in Kern-, Teilchen- und Astrophysik.** DM 45,–

Heil/Kitzka: **Grundkurs Theoretische Mechanik.** DM 39,–

Henzler/Göpel: **Oberflächenphysik des Festkörpers.** DM 59,80

Heinloth: **Energie.** DM 42,–

Kamke/Krämer: **Physikalische Grundlagen der Maßeinheiten.** DM 26,80

Kleinknecht: **Detektoren für Teilchenstrahlung.** 3. Aufl. DM 32,–

Kneubühl: **Repetitorium der Physik.** 4. Aufl. DM 48,–

Kneubühl/Sigrist: **Laser.** 3. Aufl. DM 44,80

Kopitzki: **Einführung in die Festkörperphysik.** 2. Aufl. DM 44,–

Kunze: **Physikalische Meßmethoden.** DM 28,80

Lautz: **Elektromagnetische Felder.** 3. Aufl. DM 32,–

Lindner: **Drehimpulse in der Quantenmechanik.** DM 28,80

Lohrmann: **Einführung in die Elementarteilchenphysik.** 2. Aufl. DM 26,80

Lohrmann: **Hochenergiephysik.** 4. Aufl. DM 36,80

Mahnke/Schmelzer/Röpke: **Nichtlineare Phänomene und Selbstorganisation.** DM 27,80

B. G. Teubner Stuttgart

Sonnenenergie

Physikalische Grundlagen
und thermische Anwendungen

Von Prof. Dr. rer. nat. Adolf Goetzberger
und Dr. rer. nat. Volker Wittwer

Fraunhofer-Institut für Solare Energiesysteme
Freiburg i. Br.

3., überarbeitete und erweiterte Auflage
Mit 126 Abbildungen und 30 Tabellen

B. G. Teubner Stuttgart 1993

Prof Dr. rer. nat. Adolf Goetzberger

Geboren am 29. November 1928 in München. Studium der Experimentalphysik an der Universität München, 1955 Promotion unter Professor W. Gerlach. Von 1955 bis 1958 wiss. Mitarbeiter in der Halbleiterentwicklung der Firma Siemens in München. Von 1958 bis 1963 Mitarbeiter von W. Shockley (Nobelpreisträger, Miterfinder des Transistors) in Palo Alto, California, USA. Im Jahre 1963 Übertritt zu Bell Telephone Laboratories in Murray Hill, New Jersey, USA. Seit 1968 Leiter des Fraunhofer-Instituts für Angewandte Festkörperphysik in Freiburg. Seit 1971 Honorar-Professor für Physik an der Universität Freiburg. Ab. 1981 Leiter des neugegründeten Fraunhofer-Instituts für Solare Energiesysteme in Freiburg.

Dr. rer. nat. Volker Wittwer

Geboren am 25. Juni 1944 in Garching/Alz. Studium an der Technischen Universität München. 1971 Diplomprüfung und 1974 Promotion im Bereich der Festkörperphysik. Seit 1974 wiss. Mitarbeiter an Instituten der Fraunhofer-Gesellschaft. Ab 1981 Abteilungsleiter am Fraunhofer-Institut für Solare Energiesysteme.

ISBN 978-3-519-13081-9   978-3-322-91881-9 (eBook)
DOI 10.1007/978-3-322-91881-9

Die Deutsche Bibliothek – CIP-Einheitsaufnahme

Goetzberger, Adolf:
Sonnenenergie : physikalische Grundlagen und thermische
Anwendungen ; mit 30 Tabellen / von Adolf Goetzberger und
Volker Wittwer. – 3., überarb. u. erw. Aufl. – Stuttgart :
Teubner, 1993
   (Teubner Studienbücher : Physik)

NE: Wittwer, Volker:

Gesamtherstellung: Beltz, Offsetdruck, Hemsbach/Bergstraße
Umschlaggestaltung: M. Koch, Reutlingen

Vorwort

Das Interesse an der Nutzung und Entwicklung regenerativer Energiequellen ist trotz der derzeitigen vorübergehenden Entspannung auf dem Primärenergiemarkt groß. Die Erfahrungen der Vergangenheit, insbesondere in Verbindung mit der Ölkrise der siebziger Jahre, ebenso wie das Wissen um die Erschöpfbarkeit der Lagerstätten von Primärenergie und Rohstoffen und die negativen Auswirkungen der Nutzung der meisten Energieträger auf die Umwelt sind tief im Bewußtsein vieler Bürger verankert. Die Katastrophe von Tschernobyl und andere Vorfälle haben starke Zweifel an der Zukunft der Kernenergie geweckt.

Angesichts der unleugbaren Tatsache, daß uns im nächsten Jahrhundert nur noch wenige Energiequellen zur Verfügung stehen werden - darunter, durch ihre Umweltfreundlichkeit besonders herausgehoben, die regenerativen Energien - muß deren Weiterentwicklung von höchster Priorität sein, insbesondere, wenn man bedenkt, daß bis zur Etablierung neuer Energieoptionen auf dem Markt sehr lange Zeiträume erforderlich sind.

Das Thema dieses Buches ist die Umwandlung der Sonnenenergie in Wärme, eine Technik, die langfristig die Perspektive eines großen Beitrags zur volkswirtschaftlichen Energiebilanz beinhaltet. Der Ausgangspunkt war das Manuskript einer Vorlesung, die einer von uns (A. G.) an der Universität für Physikstudenten hielt. Die Beschränkung auf das erwähnte Thema ergab sich sowohl aus Gründen der Priorität, als auch aus dem vorgesehenen Umfang des Buches. Andere Manifestationen der Solar- bzw. regenerativen Energie, wie z. B. die Windenergie oder die Energie aus Biomasse, sind sicherlich von ebenso großer Bedeutung, konnten aber wegen der erwähnten Beschränkung nicht zum Zuge kommen.
Eine besondere Rolle spielt die Photovoltaik, die hier keine Aufnahme finden konnte, da sie sowohl hinsichtlich der physikalischen Grundlagen als auch der Technologie und der Anwendungen so umfangreich ist, daß sie nur im Rahmen eines eigenen Bandes adäquat dargestellt werden kann.

Die Nutzung der Solarenergie bedarf des Wissens und der Erfahrungen vieler Disziplinen. Ausgehend von den physikalischen Grundlagen wurde versucht, die Probleme, die mit der technischen Anwendung einschließlich wirtschaftlicher Randbedingungen zusammenhängen, herauszuarbeiten. An den Leser werden aber keine besonderen Voraussetzungen, außer einigen physikalischen und mathematischen Grundkenntnissen, gestellt.

Das Buch richtet sich an alle, die an der Anwendung und Weiterentwicklung der Solarenergie interessiert sind, insbesondere an Studenten der Naturwissenschaft und Technik, sowie Ingenieure, Praktiker, Planer und Anwender von Anlagen.

Der Inhalt des Buches ist von unseren eigenen wissenschaftlichen und praktischen Erfahrungen, die wir durch langjährige Beschäftigung mit Solarenergie im Institut für Solare Energiesysteme erworben haben, geprägt. Somit waren wir in der Lage, beim Verfassen des Buches auf viele eigene Arbeiten zurückzugreifen und auch neue Entwicklungslinien aufzuzeigen.

Aufbau und Einteilung des Buches folgen einem bewährten Muster:

    - Einleitend wird die Motivation der Beschäftigung mit der Solarenergie dargelegt, indem auf die ausweglose Perspektive der heutigen Energieversorgungsstruktur eingegangen wird.

    - Anschließend werden die physikalischen und astronomischen Grundlagen der Sonnenenergie behandelt.

    - Nach einer Vorstellung der wichtigsten Materialeigenschaften wie Selektivität, Transmissionsgrad und Wärmedämmung werden solare Komponenten - Kollektor, passive Systeme - besprochen.

    - Einem kurzen Ausblick in die Möglichkeiten der Wärmespeicherung folgt ein Überblick über das Prinzip der Wärmepumpe sowie eine Übersicht über Wirtschaftlichkeitsbetrachtungen.

    - Ein ausführliches Kapitel über unterschiedliche solarthermische Energiesysteme gibt einen Einblick in das Anwendungsfeld von Kollektoren und Energiedächern.

- Den Abschluß bildet ein neu hinzugenommenes Kapitel über den Einsatz transparenter Wärmedämmung im Fassadenbereich, der uns für die langfristige Nutzung der Sonnenenergie besonders wichtig erscheint.

Danken möchten wir hier vielen Mitarbeitern des Fraunhoferinstitutes für Solare Energiesysteme, insbesondere jedoch Herrn W. Stahl , der für uns die Ergebnisse des Kapitel 14 zusammengestellt und damit maßgeblich zur Aktualität des Buches beigetragen hat.

Freiburg, April 1993

A.Goetzberger   V.Wittwer

Inhaltsverzeichnis

1. Energiebedarf, Energieversorgung und Prognosen für die zukünftige Rolle der Solarenergie

1.1 Entwicklung des Energiebedarfs

Sowohl der Weltenergiebedarf als auch der Energiebedarf der Bundesrepublik Deutschland stiegen in der Vergangenheit bis 1973 um etwa 5 % pro Jahr. Abb.1.1 zeigt diese Entwicklung für den Weltprimärenergiebedarf. Zusätzlich ist hier das Anwachsen der Weltbevölkerung eingetragen. Man erkennt deutlich den starken Anstieg des Energiebedarfs in der Nachkriegszeit, der eng mit dem steigenden Lebenskomfort in der westlichen Welt gekoppelt und nur unwesentlich durch das Wachstum der Bevölkerung in der Dritten Welt bedingt ist. Mit steigender Industrialisierung der Entwicklungsländer wäre ein weiterer drastischer Anstieg des Weltenergiebedarfs zu erwarten. Abb. 1.2 gibt die Entwicklung des realen Primärenergieverbrauchs in der Bundesrepublik wieder. Ab 1973, dem Zeitpunkt der ersten Ölkrise, unterlag der Verbrauch der Primärenergieträger starken Schwankungen und blieb im wesentlichen konstant. Hier zeigt sich bereits der enge Zusammenhang zwischen Energiepreis und Energieverbrauch:
Die vielfältigen Möglichkeiten der Energieeinsparung werden umso stärker genutzt, je stärker die Anreize durch hohe Energiekosten gegeben sind.

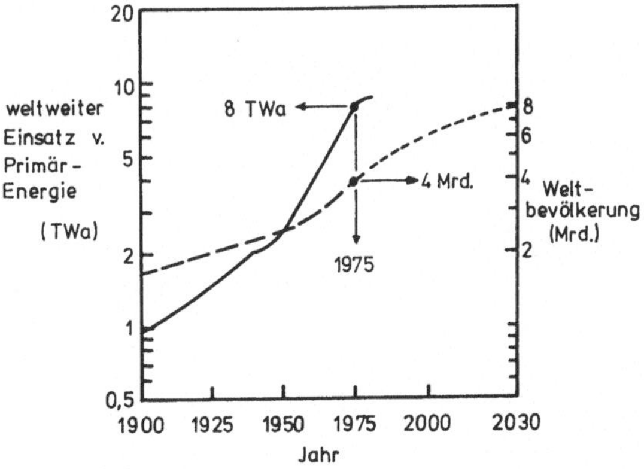

Abb.1.1:Entwicklung von Weltenergiebedarf und Weltbevölkerung /1/

In Abb.1.2 sind neben dem tatsächlichen Verbrauch auch die zum jeweiligen Zeitpunkt gültigen Prognosen und ihre Schwankungsbreite eingetragen. Man ersieht daraus die außerordentliche Unzuverlässigkeit dieser offiziellen Prognosen, die trotz allen quantitativen Aufwands nur den gerade vorherrschenden Trend festzuschreiben vermögen. Wenn man bedenkt, daß sich die Vorhersagen für das Jahr 1985 innerhalb von nur 2 Jahren um 50 Mio t SKE bzw. etwa 10% und innerhalb von 9 Jahren sogar um fast 90 Mill t SKE bzw. etwa 20% änderten, so muß man besorgt sein, auf welch unsicherer Basis die langfristige Planung unserer Energiewirtschaft beruht.

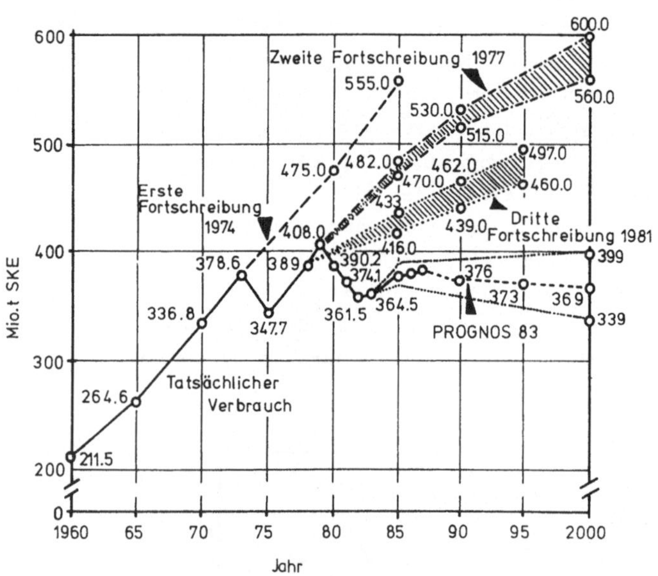

Abb. 1.2: Primärenergiebedarf der BRD und unterschiedliche Prognosen für die zukünftige Entwicklung des Bedarfs /2/ (siehe auch Abb. 1.4)

Andererseits müssen heute Investitionsentscheidungen etwa 10 Jahre vor der Fertigstellung einer Anlage getroffen werden. Dies zeigt deutlich das Dilemma, in dem unsere Energiewirtschaft steckt.

Wesentlich besser läßt sich die Verteilung der Energieträger am Gesamtenergieangebot überblicken und prognostizieren. Dessen Zusammensetzung ändert sich nämlich nur sehr langfristig und recht gesetzmäßig. Trägt man die relativen Weltmarktanteile der wesentlichen Primärenergieträger in einer von Marchetti /3/ angegebenen Weise auf, dann ergeben sich linear ansteigende Kurven, die nach Durchlaufen eines Maximums mit etwa der gleichen Steigung wieder abnehmen (Abbildung 1.3).

Daraus entnimmt man verschiedene Tatsachen:

1. Jede Energiequelle braucht eine sehr lange Anlaufzeit von etwa 30 - 50 Jahren, um ihren Marktanteil von 1 % auf 10 % auszuweiten.

2. Die erschöpfbaren, d. h. fossilen Energieträger durchlaufen ein Maximum, um dann wieder abzunehmen.

3. Sonnenenergie wird ihre volle Bedeutung erst nach Beginn des nächsten Jahrhunderts gewinnen.

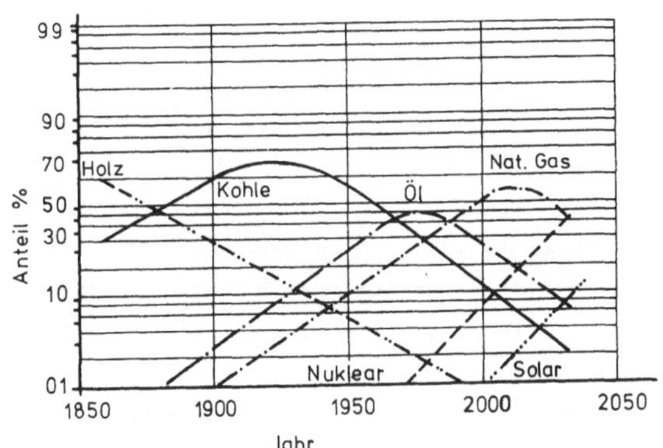

Abb. 1.3: Entwicklung der anteiligen Verteilung verschiedener Energieträger /3/

In Anbetracht des langsamen Wachstums der Energieträger und des geringen Entwicklungsstandes der Sonnenenergie wäre es völlig unrealistisch, von dieser Energie kurzfristig einen wesentlichen Beitrag zur Energieversorgung zu erwarten. Nur durch langfristige, kontinuierliche Förderung der notwendigen Forschungs- und Entwicklungsarbeiten, wie dies bei anderen Energieträgern, wie zum Beispiel der Kernenergie, auch getan wurde, läßt sich der gewünschte Erfolg erzielen.

1.2 Energieformen - die Energiekette

Aus der Physik kennen wir das Gesetz der Erhaltung der Energie: Energie läßt sich zwar von einer Form in eine andere umwandeln, sie bleibt jedoch in ihrer Gesamtmenge immer erhalten. Wenn Kernkräfte ins Spiel kommen, muß noch die Äquivalenz von Masse und Energie berücksichtigt werden. Im Rahmen dieses Buches werden wir davon jedoch keinen Gebrauch machen, das heißt Energie wird immer nur in eine andere Form von Energie umgewandelt. Daraus folgt, daß die Bezeichnung "Energieverbrauch" eigentlich unphysikalisch ist. Sie läßt sich jedoch anwenden auf den Verbrauch von Energieträgern, wie zum Beispiel fossilen Brennstoffen, die "verbraucht" werden, wobei ihr chemischer Energieinhalt in Wärmeenergie umgewandelt wird. Die Verwendung der Energie spielt sich in einer Kette ab, die von wertvoller Energie zu immer wertloserer Energie fortschreitet, bis schließlich am Ende der Kette Wärmeenergie bei Umgebungstemperatur steht. Wie später ausgeführt werden wird, läßt sich diese Wertigkeit der Energie am besten durch den Exergiebegriff darstellen.Die Energiekette ist in Tabelle 1.1 dargestellt.

Tabelle 1.1: Energiekette

Energieform	Definition	Beispiel
Primärenergie	Unverarbeitete Energie	Erdöl, Kohle, Uran, Wasserkraft
Sekundärenergie	einmal umgesetzte Energie	Heizöl, Koks, Brennstäbe
Tertiärenergie	zweifach umgesetzte Energie	Strom im Kraftwerk
Endenergie	Energieform beim Verbraucher	Heizöl, Strom, Benzin
Nutzenergie	Echte Energiedienstleistung	Wärme, Licht, Bewegungsenergie
Abwärme	reine Anergie	Autokühler, Kühltürme

Aus der Sicht des Verbrauchers ist die Nutzenergie das einzig Wesentliche, während für den Energiewirtschaftler die Kette meist bei der Endenergie endet. Zwischen dieser und der Nutzenergie liegt noch der energetische Wirkungsgrad der Geräte des Verbrauchers. Eine Kochplatte zum Beispiel wird mit der elektrischen Endenergie betrieben. Nutzenergie ist allein die Energie, die als Wärmeenergie in das Kochgut fließt.

Abbildung 1.4 zeigt die Entwicklung des Primärenergiebedarfs für die alten Bundesländer aufgeschlüsselt für die unterschiedlichen Energieformen. Zusätzlich ist der Gesamtprimärenergiebedarf Deutschlands ab 1973 dargestellt.

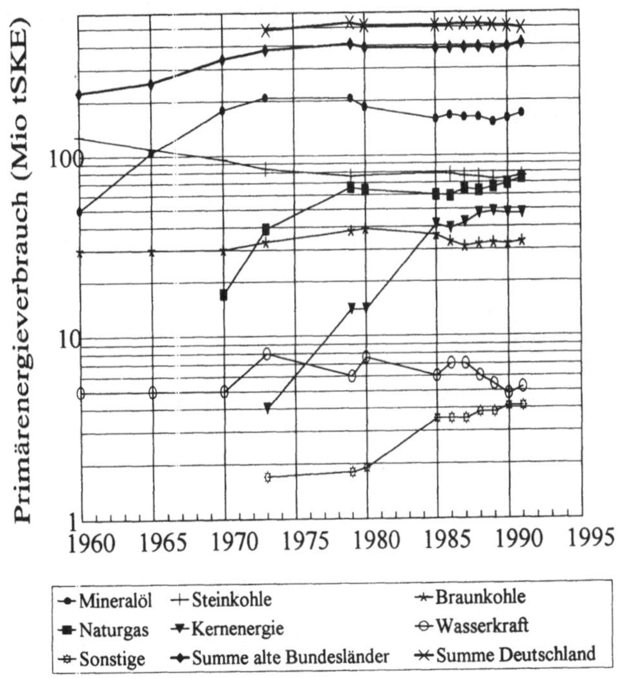

Abb. 1.4: Entwicklung des Primärenergieverbrauchs für die Bundesrepublik Deutschland aufgeschlüsselt für die verschiedenen Energieformen /4/

Tabelle 1.2 und Tabelle 1.3 zeigen die Aufteilung des Endenergieverbrauchs nach Verbrauchssektoren und nach Nutzungsart. Wenn wir den Einsatz der Sonnenenergie betrachten, ist die Tabelle 1.2 von besonderem Interesse, da der für die Sonnenenergie prädestinierte Bereich der Niedertemperaturwärme einschließlich Raumheizung, Warmwasserbereitung und Niedertemperaturprozeßwärme 50% des Endenergieverbrauchs umfaßt. Hier zeigt sich also ein Sektor, in dem die Auswirkungen der Nutzung von Sonnenenergie auf den Gesamtenergieverbrauch besonders drastisch sein könnten.

Bei all den hier zitierten Zahlen ist zu berücksichtigen, daß es sich hier um Umsätze auf dem Energiemarkt handelt. Da Sonnenenergie zumindest in unseren Breitengraden dezentral erzeugt und verbraucht wird, das heißt der Erzeuger identisch mit dem Verbraucher ist, wird ihr Beitrag in Statistiken dieser Art kaum erfaßt. Der Einfluß der Sonnenenergie macht sich daher nur als eine Verringerung (also Einsparung) des wirtschaftlich erfassbaren Energieumsatzes bemerkbar.

Tabelle 1.2 : Aufteilung der Endenergie

Strom (Licht, Kraft)	7 %
Treibstoff	20 %
Prozeßwärme	35 %
Heizwärme	38 %
	100 %

Tabelle 1.3 : Anteile der verschiedenen Verbraucher an der Endenergie (1991)

	alte Bundesländer	neue Bundesländer
Haushalte	26,8 %	25,8 %
Kleinverbraucher	17,1 %	24,2 %
Industrie	28,8 %	31,1 %
Verkehr	27,3 %	18,9 %
	100,0 %	100,0 %

1.3   Einteilung der Primärenergiequellen, weitere Aspekte

Die Primärenergiequellen lassen sich nach verschiedenen Gesichtspunkten einteilen. Die meisten der heute verwandten Energiearten
stammen ursprünglich von der Sonne, da auch die fossilen Energieträger chemisch gespeicherte Sonnenenergie darstellen.

Tabelle 1.4: Solare Primärenergiequellen

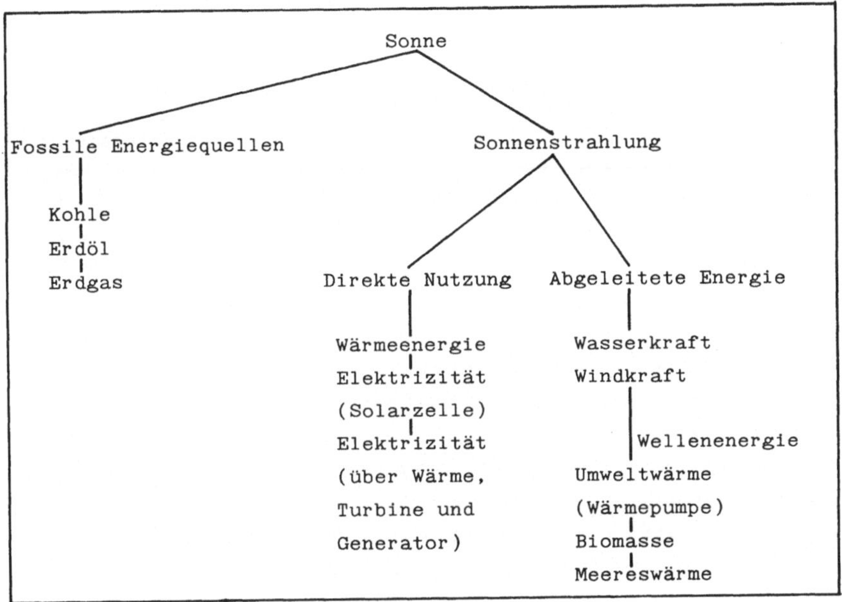

Weitere primäre Energiequellen:

Kernenergie (Kernspaltung, Kernverschmelzung)

Erdwärme (Geothermische Energie)

Gezeitenenergie (Energie der Erddrehung)

Hierzu sei noch angemerkt, daß Sonnenenergie letztlich Kernenergie
ist, nämlich Energie aus Kernverschmelzungsvorgängen, die in der
Sonne ablaufen.

Eine andere Art der Einteilung beruht auf der Unterscheidung zwischen erschöpfbaren und nichterschöpfbaren bzw. nicht regenerativen und regenerativen Energiequellen (Tabelle 1.5).

Tabelle 1.5: Erschöpfbare und nicht erschöpfbare Energiequellen

	erschöpfbar	nicht erschöpfbar
Sonnenenergie	Fossile Energieträger	Sonnenstrahlung und abgeleitete Energiequellen
Kernenergie	Kernspaltung	Kernverschmelzung
Geoenergie	–	Erdwärme, Gezeitenenergie

Bei den erschöpfbaren Energiequellen verfügen wir über begrenzte Vorräte, deren genaue Größe stark von den finanziellen. Randbedingungen, unter denen eine Förderung noch sinnvoll erscheint, abhängt. Bei vorgegebener Verbrauchsentwicklung läßt sich für diese Energieträger eine Reichweite in Jahren abschätzen. Bei einer realistisch erscheinenden weltweiten jährlichen Verbrauchssteigerungsrate von 2% schätzt man folgende in Tabelle 1.6 zusammengefaßten Zeiträume bis zum Versiegen der erschöpfbaren Energiequellen.

Diese Zahlen sind nur als grobe Richtwerte zu verstehen und sollen die Endlichkeit der Energievorräte aufzeigen.

Für Uran muß man ergänzen, daß der Zeitraum von 90 Jahren sich auf die Nutzung im Rahmen der gegenwärtigen Reaktortechnik bezieht. Durch die Einführung des Schnellen Brüters ließen sich diese Reserven theoretisch um ein Vielfaches verlängern. Wirtschaftliche und ökologische Randbedingungen sind hier außer Betracht gelassen, obwohl sie schon in naher Zukunft zu entscheidenden Kriterien für die Weiterentwicklung der Energieszene werden könnten.

Die fossilen Energieträger hingegen, auf denen unsere heutige Wirtschaftsstruktur ganz wesentlich beruht, sind definitiv begrenzt und werden in naher Zukunft nicht mehr zur Verfügung stehen. Aus diesem Grund ist es so eminent wichtig, andere, insbesondere regenerative Energiequellen zu entwickeln. Selbst wenn durch die Entdeckung neuer Vorräte die Reichweite der fossilen

Energieträger verdoppelt werden könnte, wäre die für Neuentwicklungen zur Verfügung stehende Zeit relativ kurz, wenn man die
große Trägheit der Energieverbrauchsstrukturen (Abb. 1.3) bedenkt.

Tabelle 1.6: Nutzungsdauer erschöpfbarer Energieträger

Energieträger	Nutzungsdauer (Jahre)
Kohle	80 - 100
Erdöl	20 - 55
Erdgas	40
Uran	90

In Abbildung 1.5 sieht man die gegenwärtige Situation aus einer
historischen Perspektive dargestellt.

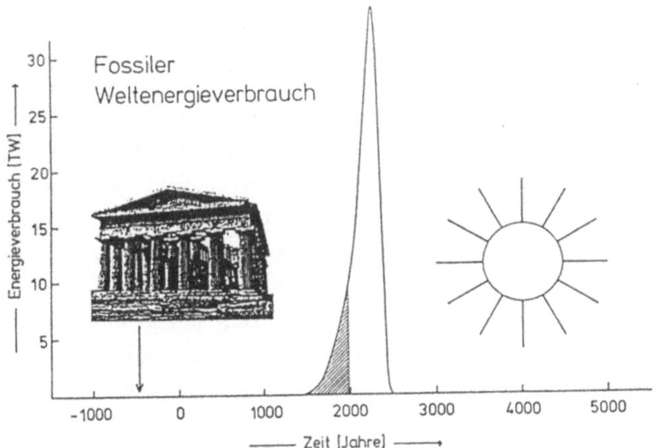

Abb. 1.5: Entwicklung des fossilen Weltenergieverbrauchs

Der Verbrauch an fossilen Rohstoffen ist über den geschichtlichen
Jahreszahlen in einem sehr großen Maßstab aufgetragen, wobei angenommen wurde, daß das jetzt zu beobachtende Verbrauchsverhalten
sich fortsetzen wird und die gesamten bekannten Vorräte voll verbraucht werden. Man ersieht daraus sehr anschaulich, daß das Zeit-
alter der Ausbeutung der fossilen Energien nur einen relativ kur-

zen Abschnitt in der Menschheitsgeschichte darstellt. Dies ist durch den Zeitpunkt der Errichtung des Parthenontempels angedeutet. Wenn wir gewährleisten wollen, daß die menschliche Zivilisation auf dem jetzigen Niveau langfristigen Bestand haben soll, müssen wir rechtzeitig neue und unerschöpfbare Energiequellen bereitstellen. Es ist anzunehmen, daß die Sonnenenergie dabei eine bedeutende Rolle spielen wird.

Bei Betrachtung in kosmologischen Maßstäben ist auch die Sonnenenergie nicht unerschöpflich, denn die Lebensdauer der Sonne ist begrenzt. Innerhalb von 3 bis 5 Milliarden Jahren wird die Sonne ihren Wasserstoffvorrat verbraucht haben und sich in einen sogenannten roten Riesen umwandeln; die Erdumlaufbahn wird dann innerhalb der Sonne liegen, d. h. für die Menschheit, werden Energiesorgen zweitrangig sein.

1.4 Überlegungen zur Wirtschaftlichkeit

Im Zusammenhang mit der Erschöpfbarkeit spielt der Begriff der Energieamortisationszeit oder des Erntefaktors eine wichtige Rolle. Die Definitionen sind, wie folgt: Für die Herstellung jeder Energieumwandlungsanlage, zum Beispiel einer Solaranlage, wird Energie benötigt. Energieamortisationszeit oder Energierückflußzeit ist diejenige Zeit, die die Anlage laufen muß, um diese ursprünglich investierte Energie wieder zu liefern. Diese Zeit muß deutlich kleiner sein als die Lebensdauer der Anlage, damit die Energiebilanz positiv ausfällt. Ähnlich ist der Erntefaktor definiert. Er beschreibt das Verhältnis der während der Lebensdauer der Anlage gelieferten Energie zur Energie, die zur Herstellung der Anlage aufgewandt wurde. Bei Solaranlagen ist das Problem des Erntefaktors zur Zeit zweitrangig, da in den meisten Fällen die Wirtschaftlichkeit das einschneidendere Kriterium darstellt. In den Herstellungskosten sind neben allen anderen auch die Energiekosten enthalten. Daher kann man davon ausgehen, daß eine Energieumwandlungsanlage für regenerative Energien, die das Kriterium der Wirtschaftlichkeit erfüllt, auch den Anforderungen bezüglich des Erntefaktors genügt. Einen zusätzlichen Aspekt bilden die externen Kosten konventioneller Energieerzeugung, die bisher viel zu wenig berücksichtigt werden /68/.

1.5   Energie und Umwelt

Zu Beginn der Industrialisierung waren die Auswirkungen der industriellen Prozesse auf die Umwelt völlig unerheblich. Langsam wuchs die Beeinträchtigung der Umwelt und damit ein verschärftes Bewußtsein für die Umweltrelevanz menschlichen Handelns. Umweltbelastung durch Energieumwandlung spielt heute zurecht in der öffentlichen Diskussion eine wichtige Rolle. Anforderungen in Bezug auf Reinhaltung der Umwelt dürften in den hochindustrialisierten Ländern auch in Zukunft noch einschneidender werden. Dadurch werden insbesondere fossile Energiequellen teurer werden und andererseits Sonnenenergie attraktiver. Die Auswirkungen der verschiedenen Energieträger können folgendermaßen zusammengefaßt werden: Luftverunreinigung durch chemische Schadstoffe, Veränderung der Atmosohäre durch ansteigenden CO_2-Gehalt, Aufheizen der Umwelt durch Abwärme sowie Erhöhung radioaktiver Strahlenbelastung, bestehend aus laufender Belastung auf niedrigem Niveau und akuter Gefährdung durch Reaktorunfälle.
Die wichtigsten Einflüsse der Primärenergieträger auf die Umwelt sind in Tabelle 1.7 zusammengefaßt:

Tabelle 1.7: Umwelteinflüsse der Primärenergieträger /2/

Primärenergie- träger Umwelt- beeinflussung	Kohle, Öl, Erdgas	Uran	direkte Nutzung	Sonne, Wasser-, Windkraft	Biomasse
Luftverunreinigung	stark bis mittel	-	-	-	stark bis mittel
CO_2	stark	-	-	-	-
Abwärme	stark	stark	-	-	-
Radioaktivität	schwach	mittel bis schwach	-	-	-

Luftverunreinigung durch Emission von Schadstoffen tritt bei allen Verbrennungsvorgängen auf. Der Schadstoffgehalt der Brennstoffe kann in weiten Grenzen schwanken, ebenso wie die Rückhaltetechnik in Kraftwerken. Die sauberste fossile Energiequelle ist das Erdgas, die am meisten verunreinigenden sind die Kohle und das Holz. Je nach dem Aufwand, der bei der Reinigung der Abgase betrieben wird, variiert die Schadstoffemission in weiten Grenzen.

Die Emission von Kohlendioxid (CO_2) kann nicht als Schadstoffemission bezeichnet werden, da CO_2 ein natürlicher Bestandteil der Erdatmosphäre ist. Trotzdem gibt der steigende CO_2-Gehalt der Atmosphäre, der auf Verbrennung der über Jahrmillionen angesammelten fossilen Brennstoffvorräte zurückzuführen ist, Anlaß zu großer Besorgnis. Bekanntlich verursacht CO_2 eine starke Absorption der infraroten Wärmestrahlung und kann daher in größerer Konzentration das Klima der Erde verändern.

In einem kürzlich veröffentlichten Zwischenbericht der Enquetekomission des Deutschen Bundestages /5/ wurde gezeigt, daß die Temperatur der Atmosphäre eng mit dem CO_2-Gehalt korreliert (Abb. 1.6). Der starke Anstieg des CO_2 in den letzten Jahren (Abb. 1.7) läßt daher befürchten, daß sich die bereits heute meßbare Temperaturerhöhung im Bereich der Meeresoberfläche weiter fortsetzen wird.

Das CO_2-Problem wird heute zwar erkannt, aber Lösungsmöglichkeiten sind bisher nicht aufgezeigt worden. Eine Zurückhaltung des CO_2 bei der Verbrennung fossiler Brennstoffe wäre zwar prinzipiell möglich, aber mit Sicherheit mit prohibitiven Kosten verbunden. Es ist nicht ausgeschlossen, daß in 10 bis 20 Jahren dieses Problem äußerst akut sein wird, ebenso wie die Luftverunreinigung durch das Waldsterben plötzlich evident wurde. In diesem Fall wäre keine schnelle Abhilfe möglich, denn unsere Abhängigkeit von fossilen Brennstoffen ließe sich nur über Jahrzehnte langsam abbauen. Wenn die Klimaänderung durch steigenden CO_2-Gehalt der Atmosphäre wirklich eintrifft, ist diese Entwicklung bereits heute vorprogrammiert und nicht mehr aufzuhalten. Energiequellen, die die Kohlendioxidkonzentration nicht erhöhen, sind die Kernenergie und alle Arten der regenerativen Energie. Die Verbrennung von Biomasse erzeugt zwar ebenfalls CO_2, dieses befindet sich jedoch im natürlichen Kreislauf innerhalb der Atmosphäre. Tabelle 1.7 enthält nur Umwelteinwirkungen, die mit der Energieumwandlung selbst verknüpft sind. Um das volle Ausmaß der Umweltbelastung zu erfassen, muß man aber auch Umwelteinflüsse berücksichtigen, die bei der Herstellung der Anlagen auftreten. Eine Solaranlage hat zwar im

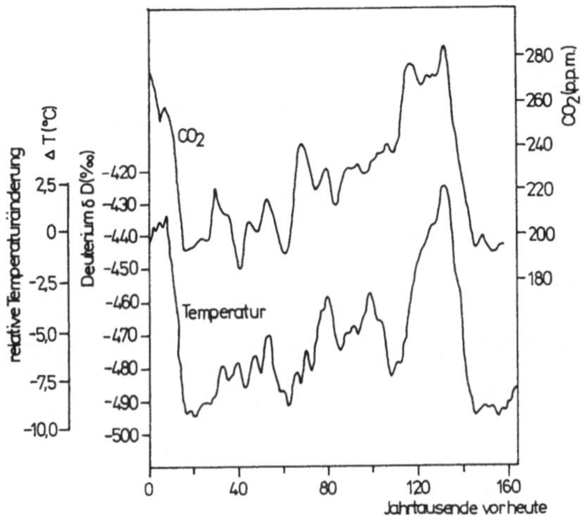

Abb. 1.6: Rekonstruktion der CO_2-Konzentration in der Atmosphäre (oben) und der relativen Temperaturvariation (unten): Es wurden Daten des Eisbohrkerns der russischen Station Vostok in der Antarktis verwendet. Die Temperatur wurde nach der Deuterium- Methode rekonstruiert. Bei einem niedrigen Deuterium-Gehalt ist die Temperatur besonders hoch, bei einem hohen ist sie niedrig /5/.

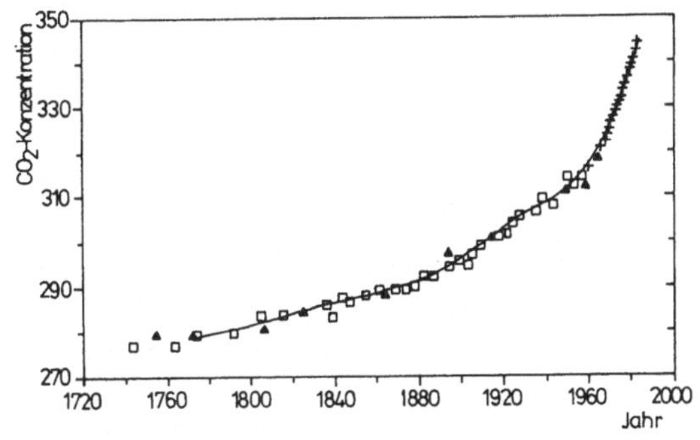

Abb. 1.7: Atmosphärische CO_2-Konzentration (in ppm) der vergangenen zweihundert Jahre, bestimmt nach verschiedenen Methoden /5/

Betrieb keinerlei negative Auswirkungen, aber bei ihrer Produktion und beim Abbau und Recycling können durchaus welche auftreten. Da alle Anlagen nur eine begrenzte Lebensdauer haben, ist also auch die Sonnenenergie nicht frei von Umweltbeeinträchtigungen. Diese sind jedoch beherrschbar, da im Rahmen einer industriellen Fertigung Umweltschutzmaßnahmen sehr umfassend und wirtschaftlich durchgeführt werden können. In jedem Falle ist aber zu fordern, daß alle sinnvollen Maßnahmen zur Energieeinsparung bei Erhaltung bzw. Verbesserung der Lebensqualität ergriffen werden. Die Konsequenzen der einleitenden Abschnitte lassen sich am besten durch eine Bewertungstabelle (Tab.1.8) zusammenfassen, die einer Arbeit von L. Bölkow /2/ entnommen ist.

Tabelle 1.8: Bewertungstabelle verschiedener Primärenergiequellen

Primärenergieträger RandBedingungen	Kohle, Erdöl, Erdgas	Uran, Thorium	direkt	Sonne, Wind, Wasser	Biomasse
Kapitalbedarf	gering bis hoch	mittel bis hoch	mittel bis hoch	mittel	gering
Arbeitsbedarf	gering	sehr gering	hoch	mittel	hoch
Landbedarf	mittel bis hoch	mittel bis hoch	mittel bis hoch	mittel	gering bis hoch
Wasserbedarf	hoch	hoch	sehr gering	sehr gering	gering
Materialbedarf	gering bis mittel	mittel bis hoch	mittel bis hoch	gering	gering
Flexibilität	hoch	sehr gering	sehr hoch	hoch	hoch

Tabelle 1.8 zeigt die langfristige Attraktivität der Sonnenenergie, deren Vorteile vor allem in der geringen Umweltbelastung, im
hohen Potential an Arbeitsplätzen und in der hohen Flexibilität
bei ihren Anwendungsbereichen liegen. Damit bietet die Sonnenenergie langfristig nicht nur die Möglichkeit, einen Beitrag zur Energieversorgung zu liefern, sondern auch entscheidend zur Verbesserung des Arbeitsmarktes beizutragen.

1.6 Maßeinheiten für Energie

Die üblicherweise zur Anwendung kommenden Energieeinheiten sind in
Tabelle 1.9 in Relation zueinander gesetzt. In diesem Buch wird
vorzugsweise die Kilowattstunde als Einheit verwendet, jedoch sind
in aus anderen Quellen übernommenen Graphiken und Tabellen auch
andere Einheiten zu finden.

Tabelle 1.9: Energiemaßeinheiten

	kWh	TWa	J	tSKE
1 Kilowattstunde (kWh)	1	$1,14*10^{-13}$	$3,60*10^6$	$1,23*10^{-4}$
1 Terawattjahr (TWa)	$8,76*10^{12}$	1	$3,15*10^{19}$	$1,08*10^9$
1 Joule (J)	$2,78*10^{-7}$	$3,17*10^{-20}$	1	$3,41*10^{-11}$
1 Tonne Steinkohle-Einheit (tSKE)	$8,14*10^3$	$9,28*10^{-10}$	$2,93*10^{10}$	1

1.7 Energie, Exergie und Wirkungsgrade

Der Exergiebegriff ist von zentraler Bedeutung für das Verständnis
der Vorgänge bei der Energieumwandlung. Wir wissen, daß beim
Durchlaufen der Energieumwandlungskette von der Primärenergie bis
zur Nutzenergie keine Energie verloren geht. Wohl aber wird die
Energie abgewertet, indem hochwertige Energie in thermodynamisch
immer wertlosere Energie umgewandelt wird. Quantitativ läßt sich

diese Abwertung der Energie durch einen Verlust an Exergiegehalt beschreiben.

Es gibt Energieformen, die sich beliebig in andere Energien umwandeln lassen, andere Energiearten dagegen lassen sich nur zum Teil oder überhaupt nicht umwandeln. Zu den beliebig umwandelbaren Energieformen gehören die elektrische Energie, die mechanische Arbeit und die potentielle Energie. Wärmeenergie hingegen läßt sich je nach Temperaturniveau in verschiedenem Maße in elektrische Energie oder mechanische Arbeit umwandeln. Je näher das Temperaturniveau an das der Umgebung kommt, umso weniger "hochwertige" Energie läßt sich daraus gewinnen. Das führt zu folgender Definition:

Exergie ist derjenige Anteil einer Energie, der sich bei optimaler Prozeßführung in mechanische Arbeit (oder elektrische Energie) umwandeln läßt.

Der verbleibende Teil der Energie wird Anergie genannt. Somit schreibt sich der Energieerhaltungssatz:

$$\text{Energie} = \text{Exergie} + \text{Anergie}$$

Zur Verdeutlichung soll ein Beispiel dienen:
Elektrische Energie läßt sich durch Widerstandsheizung restlos in Niedertemperaturwärme, z. B. zur Raumheizung umwandeln. Dabei ist der Energiewirkungsgrad sehr hoch, denn die Energie wird vollständig in Nutzenergie umgewandelt. Der Exergiewirkungsgrad dagegen ist sehr klein.

Bei der Umwandlung von Sonnenenergie spielt Wärmeenergie eine zentrale Rolle. Bei Wärmeenergie läßt sich der Exergiegehalt sehr einfach berechnen. Aus der Thermodynamik ist der ideale Wirkungsgrad von Wärmekraftmaschinen, die zwischen einem hohen Temperaturniveau T_1 und einem niedrigen T_0 arbeiten, bekannt. T_1 und T_0 sind hier absolute Temperaturen (in Kelvin). Dieser Wirkungsgrad wird aus einem einfachen Kreisprozeß, dem Carnot-Prozeß berechnet.

Das Ergebnis besagt, daß die maximale Exergie Ex, die sich aus einer Wärmemenge Q bei der Temperatur T_1 und Umgebungstemperatur T_0
gewinnen läßt, durch folgende Beziehung gegeben ist:

$$(1.1) \qquad Ex = (1 - T_0 / T_1) Q = \xi Q$$

Wie erwartet, ist der Exergie- oder Carnotfaktor ξ bei hohen Temperaturen T_1 nahe 1, bei $T_0 = T_1$ gleich Null.
In diesem Zusammenhang taucht die Frage nach dem Exergiefaktor des
Sonnenlichtes auf. Die Sonne kann angenähert als ein schwarzer
Strahler der Temperatur 5760 K betrachtet werden (Kap. 4). Somit
ergibt sich als Exergiefaktor:

$$\xi = (1 - T_0 / 5760)$$

$$\text{z. B. für } T_0 = 300 \text{ K} = 27^O C; \qquad \xi = 0,95$$

Dieser Wert läßt sich bei Umwandlung prinzipiell nicht erreichen,
da durch Strahlungsrückkopplung zwischen der Probe und der Sonne
die Voraussetzungen für einen idealen Carnotprozeß nicht erfüllbar
sind. Trotzdem ist Sonnenlicht eine sehr hochwertige Energiequelle, deren Nutzung für Niedertemperaturwärme, wie es meist geschieht, physikalisch gesehen Verschwendung darstellt. Hier müssen
jedoch auch andere Gesichtspunkte in Betracht gezogen werden, zum
Beispiel die geringe Energiedichte der Sonnenstrahlung, die das
Erzielen hoher Temperaturen in der Praxis sehr schwierig gestaltet, und nicht zuletzt der Umstand, daß der Hauptenergiebedarf im
Bereich der Niedertemperaturwärme liegt.
Prinzipiell lassen sich somit zweierlei Wirkungsgrade unterscheiden, nämlich der Energiewirkungsgrad und der Exergiewirkungsgrad. Der Energiewirkungsgrad ist definiert als das Verhältnis der
Ausgangsenergie in der angestrebten Form zur Eingangsenergie:

$$(1.2) \qquad \eta_E = E_{aus} / E_{ein}$$

Bei der Umwandlung von Wärme in elektrische Energie in einem
Kraftwerk ist dies das Verhältnis der elektrischen Energie zum
Heizwert der eingesetzten Brennstoffe.

Der Exergiewirkungsgrad ist dementsprechend das Verhältnis der Ausgangsexergie zur Eingangsexergie:

$$\eta_{Ex} = Ex_{aus} / Ex_{ein}$$

Als Beispiel sollen die Wirkungsgrade bei der Raumheizung betrachtet werden /6/. Der energetische Wirkungsgrad einer Standardölzentralheizung, wie sie in den letzten 10 Jahren eingebaut wurde, ist 60 - 80 %, d. h. η_E = 0,6 - 0,8. Da hier jedoch hochwertige chemische Energie in thermodynamisch wertlose thermische Energie bei Raumtemperatur umgewandelt wird, ist der exergetische Wirkungsgrad nur η_{EX} = 0,07.

Noch krasser ist dies bei der elektrischen Raumheizung. Der energetische Wirkungsgrad ist praktisch 100 %, η_E = 1,0. Anders der exergetische Wirkungsgrad.

Nehmen wir an, daß bei einer Außentemperatur T = 0°C = 273K die elektrische Energie in Wärme bei Raumtemperatur mit T = 20°C umgewandelt wird, dann ist:

$$\eta_{Ex} = Ex_1 / Ex_2 = 1 - T_o / T_1$$

$$\eta_{Ex} = 1 - 273 / 293 = 0,068$$

Man kann nun noch einen Schritt weitergehen und den Wirkungsgrad des Kraftwerks mit einbeziehen. Der energetische Wirkungsgrad ist im Kraftwerk praktisch gleich dem exergetischen, $\eta_{Ex} = \eta_E$ = 0,33. Somit ist der gesamte Exergiewirkungsgrad der elektrischen Raumheizung

$$\eta_{Ex} = 0,068 \cdot 0,33 = 0,022.$$

Dieser geringe Wirkungsgrad zeigt, wie unbefriedigend die elektrische Heizung aus thermodynamischer Sicht ist. Wie später gezeigt werden wird (Kap.11), kann durch den Einsatz einer elektrischen Wärmepumpe der Exergiewirkungsgrad wieder erhöht werden.

Als letztes wollen wir den exergetischen Wirkungsgrad eines Sonnenkollektors berechnen. Der Kollektor soll Wasser von 15°C auf 60°C erwärmen und mit einem energetischen Wirkungsgrad von η_K = 50% arbeiten.

Der Exergiegehalt des Sonnenlichts auf der Erde ist niedriger, als der oben angegebene für die direkte Strahlung im Weltraum. Wegen des starken Anteils der exergetisch weniger wertvollen, diffusen Strahlung ist die äquivalente Temperatur der Globalstrahlung auf der Erdoberfläche im spektralen Mittel nur 1100°C (Abb.4.11). Daher ist der Exergiegehalt der Strahlung etwa:

$$\xi_0 = 1 - (15 + 273) / (1100 + 273) = 0,79$$

Der Wirkungsgrad für die Exergie der Wassererwärmung ist:

$$\xi_k = 1 - (15 + 273) / (60 + 273) = 0,135$$

Den Gesamtexergiewirkungsgrad erhält man somit zu:

$$\eta_{ex} = \frac{\eta_k\ \xi_k}{\xi_0} = (0,5 \cdot 0,135) / 0,79 = 0,085$$

Diese Exergiebetrachtungen sollten zeigen, daß in vielen Fällen neben dem Energiesparen auch eine Optimierung der Exergieströme sinnvoll ist und hochwertige Energie wie die Elektrizität vor allem dort eingesetzt werden sollte, wo ihre hohe Wertigkeit unbedingt benötigt wird, nämlich zur Erzeugung von Licht und mechanischer Energie.

## 2.	Sonnenenergieangebot

Das Angebot der Sonnenenergie auf der Erde wird zum einen Teil bestimmt durch die physikalischen Eigenschaften der Sonnenoberfläche als Strahlungsquelle, zum anderen Teil durch den Abstand des Empfängers Erde von der Sonne. Auf der Erde spielen die geographische Lage und die Orientierung des Einzelempfängers sowie jahreszeitliche und witterungsbedingte Einflüsse eine entscheidende Rolle.

### 2.1	Strahlungsquelle Sonne

Physikalisch gesehen handelt es sich bei der Sonne um eine autonome Energiequelle, die kontinuierlich über sehr lange Zeiträume eine konstante Strahlungsmenge abstrahlt. Energielieferant ist der im Inneren der Sonne bei extrem hohen Temperaturen ablaufende Fusionsprozeß ($T = 2 \cdot 10^7$ K). Da die Sonne nach außen hin mit dem kalten Weltraum im Strahlungsgleichgewicht steht, ist die Oberflächentemperatur der Sonne durch diese Bilanz bestimmt. Hierbei sind Bilanzgewinne etwa durch Absorption der Hintergrundstrahlung ($T = 2-3$ K), Einstrahlung von anderen Sternen oder Wechselwirkung mit den Planeten vernachlässigbar. Betrachtet man die Gesamtenergiebilanz der Sonne, so müßte neben der kinetischen und potentiellen Energie vor allem auch die Neutrinoabstrahlung berücksichtigt werden. Im Rahmen der auf der Erde vorgegebenen Bedingungen (Temperatur, Dichte) dürfen diese verschiedenen Energieformen als entkoppelt angesehen werden, so daß wir die Strahlung für sich allein betrachten dürfen.

Die Abstrahlung von Körpern wird nach den Gesetzen von Kirchhoff und Planck durch den Absorptionsgrad und die Temperatur bestimmt (Kap. 4). Die meisten Sterne besitzen Oberflächentemperaturen zwischen 5000 und 10000 K. Die Sonne ist ein typischer Fixstern mit einer Oberflächentemperatur von 5760 K. Bei diesen Temperaturen liegen alle Elemente, mehr oder weniger ionisiert, in atomarer Form vor. Dies führt zu einer so großen Anzahl von Absorptionslinien, daß die gasförmige Sonnenhülle in erster Näherung als schwarzer Strahler betrachtet werden darf. Der schwarze Strahler Sonne strahlt sein Licht isotrop ab. Die Intensität dieser Strahlung im Weltraum wird nur durch die Temperatur der Sonnenhülle und den Abstand des Strahlungsempfängers von der Sonne bestimmt. Die Strahlungsintensität nimmt mit dem Quadrat des Abstands von der Sonne ab. Im Falle der Erde als Empfänger ist dies der Radius der Erdumlaufbahn. Zur Berechnung der Strahlungsleistung benötigt man weiter den Durchmesser der Sonne (Abb. 2.1). Daraus ergibt sich die auf die Erde eingestrahlte Leistung zu:

(2.1) $$P = \pi\, r_S^2\, (\, r_E^2\, /\, R^2\,)\, \sigma\, T_S^4$$

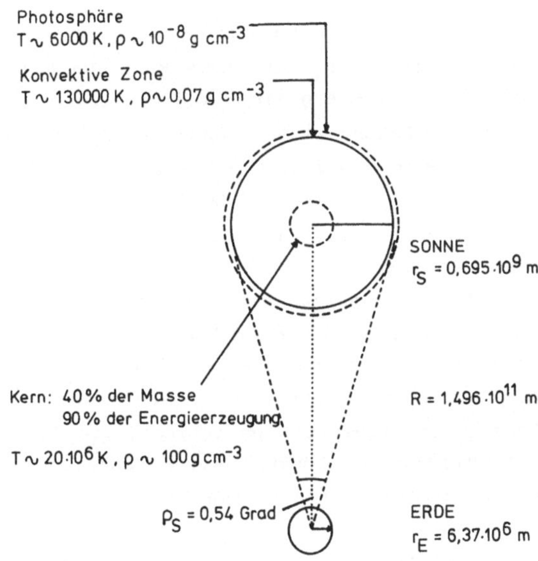

Der Raumwinkelfaktor, unter dem die Sonne von der Erde aus gesehen wird, ergibt sich zu:

$$\Omega = 2\,(1 - \cos(\rho_S/2)) = 2,16\cdot 10^{-5}$$

Abb. 2.1: Sonne und Erde (Die Größenverhältnisse entsprechen der Erde als Erbse auf dem Freiburger Münsterplatz und der Sonne als 1 Meter großer Ball auf der Spitze des Münsterturms, Höhe 112 m.)

Durch die Elliptizität der Erdbahn kommt es jahreszeitlich zu kleinen Schwankungen im Prozentbereich. Zusätzlich ergeben sich vor allem im UV-Bereich geringfügige Schwankungen in Abhängigkeit von der Sonnenaktivität (Anzahl der Sonnenflecken). Sie liegen jedoch bei unter 0,5 %. Anhand neuester Satellitenmessungen hat man eine mittlere Solarkonstante festgelegt. Sie liegt bei

$$I_O = 1,353 \pm 0,021 \ kW/m^2$$

Errechnet man die gesamte auf die Erde einfallende extraterrestrische Sonnenstrahlung, dann findet man $1,7 \cdot 10^{17}$ Watt. Pro Jahr fallen demnach $1,5 \cdot 10^{18}$ Kilowattstunden auf die gesamte Erdhülle. Dieses Gesamtpotential der Sonnenstrahlung kann nun mit dem Weltenergieverbrauch von 1981 von $6,9 \cdot 10^{13}$ kWh verglichen werden. Das Angebot ist also um den Faktor 21600 größer als der Energiebedarf. Diese zu einfache Rechnung muß jedoch erheblich korrigiert werden, um auf ein reales Potential zu kommen. Zunächst erreichen nur 53 % der extraterrestrischen Sonnenstrahlung die Erdoberfläche, darüberhinaus beträgt die Landfläche nur 30 % der Erdoberfläche, und schließlich steht die Sonnenstrahlung als das Lebenselement der Erde nur zu einem ganz geringen Bruchteil für Energieumwandlung zur Verfügung. Trotzdem kann man feststellen, daß die Sonnenenergie mehr als ausreichend wäre, alle Energiebedürfnisse der Menschheit zu lösen, vorausgesetzt, es gelingt, die damit verbundenen technischen Probleme zu lösen. Weitere Relationen von Sonnenstrahlung und Primärenergiebedarf sind in Tabelle 2.1 gegeben.

Tabelle 2.1: Solare Einstrahlung und Primärenergieverbrauch

	Sonnenenergie extraterrestrisch kWh/a	Primärenergieverbrauch 1990 kWh/a
Welt	$1,5 * 10^{18}$	$8,9 * 10^{13}$
W-Europa	$1,7 * 10^{15}$	$1,0 * 10^{13}$
Deutschland	$3,6 * 10^{14}$	$4,1 * 10^{12}$

Auch auf die Bundesrepublik, die ja ein dichtbesiedeltes, hochindustrialisiertes Land ist, entfällt 83 mal mehr Sonnenenergie, als an Primärenergie benötigt wird. Ein Problem, das uns später noch beschäftigen wird, ist, daß 80 % der Sonnenenergie im Sommerhalbjahr anfallen.

2.2   Beziehungen für die Berechnung der Sonnenbahn und der Bestrahlung beliebig orientierter Flächen

Die nachfolgend dargelegten Beziehungen gelten nur für direkte, gerichtete Sonnenstrahlung, sie umfassen nicht die Effekte der Erdatmosphäre, die im folgenden Kapitel näher behandelt werden. Wir wollen der quantitativen Behandlung eine qualitative Erörterung vorausschicken, um das Verständnis der teilweise verwickelten Zusammenhänge zu fördern. Die Erde dreht sich mit einer Periodendauer von 24 Stunden um die Erdachse, die ihrerseits um $23,45^\circ$ gegen die Ebene der Erdumlaufbahn geneigt ist. Diese Neigung der Erdachse ist die Ursache für die Jahreszeiten. Die wichtige Definition der geographischen Breite ϕ (Winkel zwischen der Äquatorebene und der Ebene des jeweiligen Breitenkreises) ist in Abb. 2.2 gezeigt.

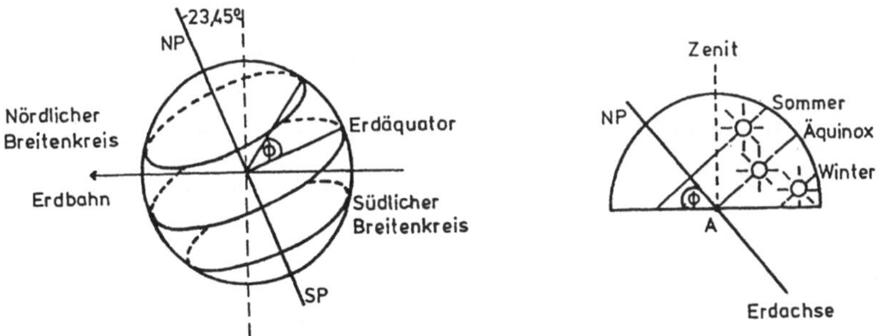

<table>
<tr><td>Abb. 2.2: Definition der geographischen Breite ϕ</td><td>Abb. 2.3: Projektion der Sonnenbahn für einen Ort der geograph. Breite ϕ</td></tr>
</table>

Die scheinbare Bewegung der Sonne auf dem Himmelsgewölbe für einen
Ort auf der nördlichen Hemisphäre zeigt im Schnitt Abb. 2.3.
Die Sonne bewegt sich auf Kreisbahnen, die senkrecht zur Erdachse
stehen, die wiederum um den Winkel der geographischen Breite gegen
die Horizontale geneigt ist. Während der Tag- und Nachtgleiche
(Äquinox), die zweimal im Jahr am 21.3. und 23.9. eintritt, liegt
die Sonnenbahn in einer Ebene, die den Erdmittelpunkt schneidet:
Tag und Nacht sind genau gleich lang. Zur Sommersonnenwende ist
die Sonnenbahn um den Winkel der Neigung der Erdachse, also um
$23,45^\circ$ zum Zenit verschoben: Der Tag ist viel länger als die
Nacht. Umgekehrt ist durch die entgegengesetzte Verschiebung bei
der Wintersonnenwende der Tag viel kürzer als die Nacht.
Es ist informativ, Grenzfälle zu betrachten, nämlich den Äquator
und den Pol. Abb. 2.4 und Abb. 2.5 zeigen die dort anzutreffenden
Verhältnisse.

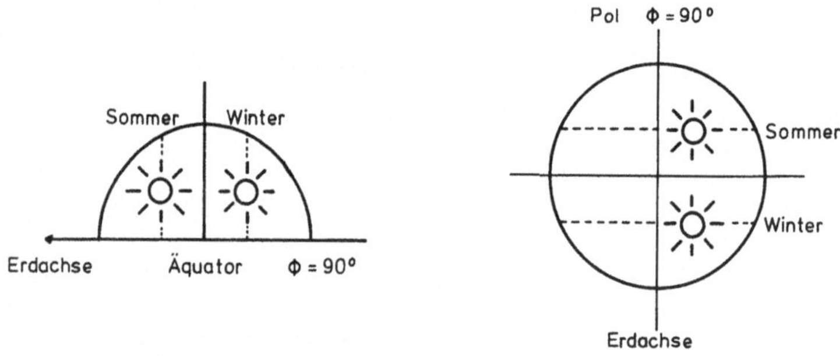

Abb. 2.4: Grenzfall der Sonnenbahn am Äquator

Abb. 2.5: Grenzfall der Sonnenbahn am Nordpol

Am Äquator ($\phi = 0^\circ$) steht die Sonnenbahn immer senkrecht auf der
Horizontebene, verschiebt sich aber je nach Jahreszeit um den genannten Winkel nach Norden oder Süden. Am Pol hingegen ist die
Sonnenbahn parallel zur Horizontalebene: Im Sommer geht sie überhaupt nicht unter, und im Winter bleibt sie unter dem Horizont, es
ist Polarnacht.
Wir wollen nun eine Formel angeben, die es gestattet, den Winkel
der Sonnenstrahlung in Bezug auf eine beliebig geneigte und ausgerichtete Fläche zu jeder Tages- und Jahreszeit zu berechnen. Die

Ableitung der Formel, die mit Hilfe der sphärischen Trigonometrie
erfolgt, wäre hier zu umfangreich, weshalb wir uns auf die Angabe
der Formel beschränken /7/. Die Ebene der Fläche, die wir später
mit einem Solarkollektor identifizieren wollen, sei um den Winkel
β gegen die Horizontale geneigt (Abb. 2.6).

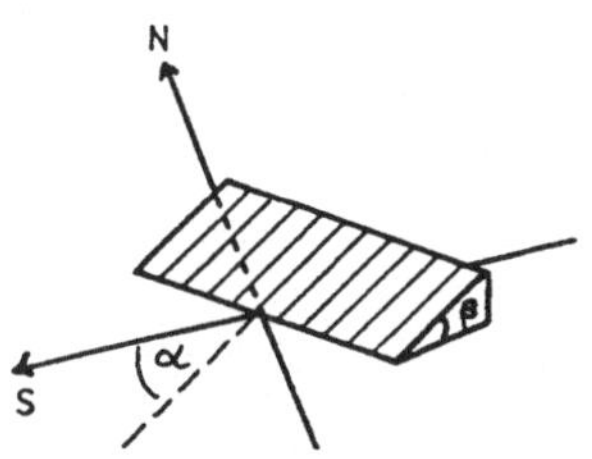

Abb. 2.6: Definition der wichtigsten Winkel für einen Absorber

Ferner sei die Fläche um den Winkel α aus der Südrichtung gedreht.
Dann ist der Einfallswinkel Θ der Sonnenstrahlung in Bezug auf
diese Ebene gegeben durch:

$$(2.2) \quad \cos \Theta = (\cos \beta \ \sin \phi \ - \cos \phi \cos \alpha \sin \beta) \sin \delta$$
$$+ (\sin \phi \cos \alpha \sin \beta \ + \cos \beta \cos \phi) \cos \delta \cos \omega$$
$$+ \ \sin \alpha \sin \beta \cos \delta \sin \omega$$

Die benutzten Symbole sind wie folgt definiert :

$$\phi = \text{Geographische Breite}$$
$$\delta = \text{Deklination der Sonne}$$
$$\omega = \text{Stundenwinkel der Sonne}$$

Die Deklination δ ist der Winkel zwischen Sonne und Äquatorebene.
δ wird aus folgender Formel berechnet:

$$(2.3) \qquad\qquad \delta = - \ 23,5 \quad \cos \frac{2\pi}{365} \ (n + 10)$$

wobei n die Nummer des Tages im Jahr bedeutet. ω, der Stundenwinkel, beträgt 15° pro Stunde. Er ist so festgelegt, daß $\omega = 0$
für 12^{00} Uhr mittags und $\omega < 0$ für die Vormittagszeit sowie $\omega > 0$
für den Nachmittag ist.

Gleichung (2.2) läßt sich in den meisten praktisch vorkommenden Fällen drastisch vereinfachen:

Horizontale Oberflächen ($\beta = 0^\circ$):

$$(2.4) \qquad \cos \Theta = \sin \delta \sin \phi + \cos \delta \cos \phi \cos \omega$$

Senkrechte Oberflächen ($\beta = 90^\circ$):

$$(2.5) \qquad \cos \Theta = - \sin \delta \cos \alpha \cos \phi + \cos \phi \sin \phi \cos \alpha \cos \omega + \sin \phi \cos \delta \sin \omega$$

Nach Süden ausgerichtete Flächen ($\alpha = 0^\circ$):

$$(2.6) \qquad \cos \Theta = (\cos \beta \sin \phi - \cos \phi \sin \beta) \sin \delta +(\sin \phi \sin \beta + \cos \beta \cos \phi) \cos \delta \cos \omega$$

Senkrechte, nach Süden ausgerichtete Flächen ($\beta = 90^\circ$, $\alpha = 0^\circ$):

$$(2.7) \qquad \cos \Theta = - \sin \delta \cos \phi + \cos \delta \sin \phi \cos \omega$$

Bei bekanntem Winkel Θ kann die Strahlungsintensität auf die Bezugsfläche berechnet werden. Wenn die Sonne senkrecht auf der Fläche steht, ist die Intensität I_0. Bei Verkippungen gilt das bekannte Cosinusgesetz, daher:

$$(2.8) \qquad I = I_0 \cdot \cos \Theta$$

Nicht nur die momentane Strahlungsleistung der Sonne ist von Interesse, sondern auch die Summe der Strahlung über bestimmte Zeiträume. Wir geben hier als Beispiel die Tagessumme I_d der extraterrestrischen Strahlung an, die durch Integration über den Tag erhalten wird:

$$(2.9) \qquad I_d = I_0 \int_{\omega_A}^{\omega_U} \cos \Theta \, d \omega$$

Hier ist ω_A = Stundenwinkel für Sonnenaufgang

ω_U = Stundenwinkel für Sonnenuntergang

$$(2.10) \qquad \omega_A = - \pi/2 + \text{arc sin} \ (\text{tg } \delta \ \text{tg } \phi)$$

$$\omega_U = - \omega_A$$

Nunmehr wollen wir die Tagesverläufe der extraterrestrischen Strahlung an einem bestimmten Punkt der Erdoberfläche betrachten. Auf der Erde nennen wir diese Strahlung "Direkte Strahlung". Sie ergänzt sich mit der später zu behandelnden diffusen Strahlung zur Globalstrahlung. Die direkte Strahlung, die sich abgesehen von der variablen Absorption der Erdatmosphäre mathematisch exakt berechnen läßt, stellt also nur einen Teil des Strahlungsangebots dar.

Zur Illustration benutzen wir einen Ort mit der geographischen Breite ϕ = 45°. Abb. 2.7 - Abb. 2.9 geben den Einfluß der Kollektorneigung β bei der Aufstellrichtung nach Süden (α = 0°) wieder. Es zeigt sich, daß eine Aufstellung der Kollektoren unter einem Winkel, der in etwa der geographischen Breite entspricht, in allen Jahreszeiten bei direkter Einstrahlung gute Ergebnisse liefert. Senkrechte oder waagerechte Orientierung führen zu großen Verlusten im Sommer bzw. im Winter.

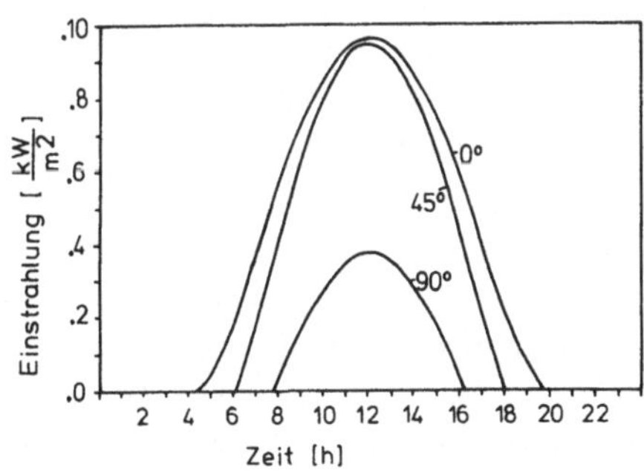

Abb. 2.7: Tagesverlauf der direkten Sonneneinstrahlung ϕ = 45°
für nach Süden ausgerichtete Flächen verschiedener
Neigung am 21. Juni

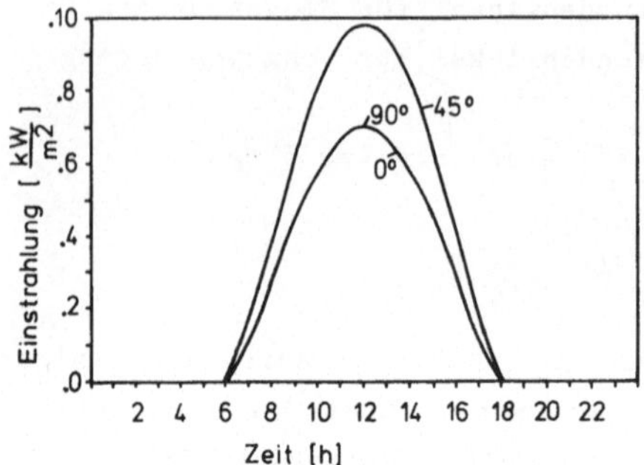

Abb. 2.8: Tagesverlauf für direkte Sonneneinstrahlung $\phi = 45°$
für nach Süden ausgerichtete Flächen verschiedener
Neigung am 21. März

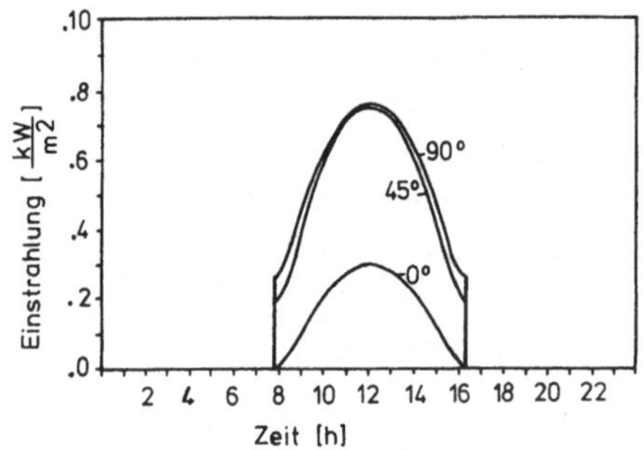

Abb. 2.9: Tagesverlauf für direkte Sonneneinstrahlung $\phi = 45°$
für nach Süden ausgerichtete Flächen verschiedener
Neigung am 21. Dezember

Der Einfluß verschiedener Arten der Nachführung ist in Abb.2.10
demonstriert. Zum Beispiel läßt sich mit einem zweiachsig nachgeführten, das heißt immer exakt auf die Sonne ausgerichteten, Kollektor extraterrestrisch das 1,3- bis 1,5- fache der Energie im
Vergleich zu einem unter der jeweiligen geographischen Breite
geneigten Kollektor gewinnen. Gegenüber horizontal orientierten
Systemen werden die Unterschiede mit zunehmender geographischer
Breite größer.

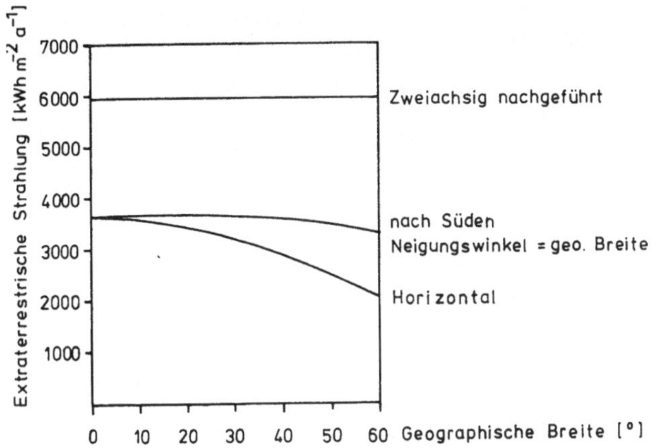

Abb. 2.10: Einfluß der Nachführung auf die direkte Einstrahlung
im Vergleich zu fest orientierten Kollektoren

Für den Fall, daß Kollektoren auf einer größeren Fläche aufgestellt werden sollen, tritt die Frage des Abstands zwischen den
aufgerichteten Kollektoren auf. Einerseits möchte man die Fläche
möglichst weitgehend mit Kollektoren ausfüllen, andererseits
sollen sich die Kollektoren gegenseitig nicht zu stark abschatten.
Eine sinnvolle Bedingung für die Abschattung ergibt sich, wenn
sich die Kollektoren bei Wintersonnenwende zur Mittagszeit gerade
nicht abschatten.

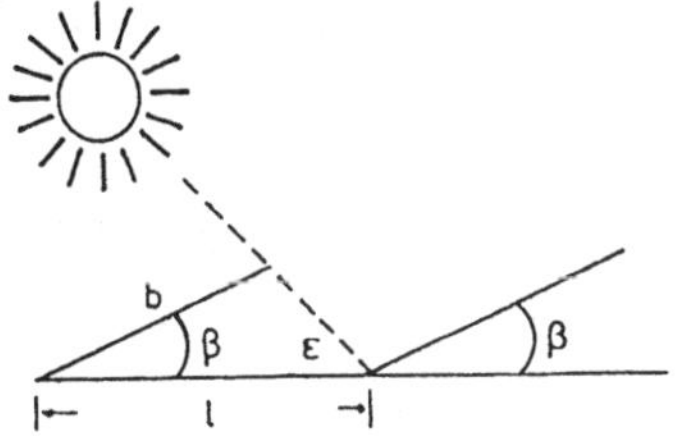

Abb. 2.11: Bestimmung des optimalen Abstands zwischen
Kollektoren

Aus Abb. 2.11 erhält man

$$(2.11) \qquad l \,/\, b = \cos \beta + \sin \beta \,/\, \mathrm{tg}\,\varepsilon$$

wobei ε dem Sonnenhöchststand zur Wintersonnenwende entspricht.

Tabelle 2.2 zeigt die Abhängigkeit des Abstands von der geographischen Breite.

Tabelle 2.2: Sinnvoller Abstand von Kollektoren in
Kollektorfeldern

ϕ	0°	10°	20°	30°	40°	50°	60°
$1/b$	1	1,1	1,3	1,5	2,0	3,2	8,0

Für mitteleuropäische Verhältnisse ist also ein Abstand vom Dreifachen der Breite des Kollektors anzuraten.

2.3 Sonnenenergieangebot auf der Erdoberfläche, Einfluß der Atmosphäre

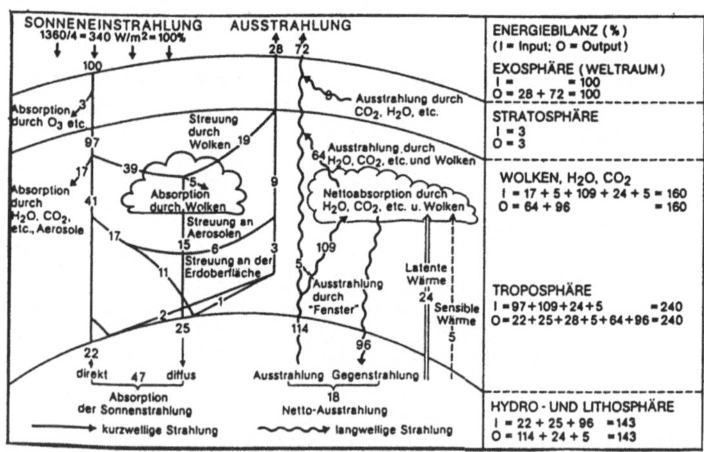

Abb.2.12: Darstellung des Strahlungshaushaltes des Systems Erde - Atmosphäre (Zahlenangaben sind auf 100% einfallende Sonnenstrahlung bezogen) /5a/

Die Strahlungsbilanz der Erde ist aus Abb. 2.12 zu ersehen. Die extraterrestrische Sonnenstrahlung, die mit 100 % angenommen wird, verteilt sich auf verschiedene Kanäle, über die Energie teils direkt aus der Atmosphäre, teils von der Erdoberfläche wieder an den Weltraum abgegeben wird. Dabei ist zu beachten, daß die Gesamtbilanz ausgeglichen ist, das heißt, daß ebensoviel Energie von der Erde wieder abgegeben wird, wie aufgenommen wurde. Wäre dem nicht so, dann würde sich die Durchschnittstemperatur der Erde entweder erhöhen oder verringern, bis schließlich Gleichgewicht herrscht. Es gibt neben den in Abb.2.12 gezeigten Energieströmen noch sehr kleine Energieumsätze, wie die in fossilen Energieträgern gespeicherte Energie und den Erdwärmestrom, die aber so klein sind, daß sie nicht ins Gewicht fallen. Aus Abb.2.12 entnehmen wir, daß die Sonnenstrahlung teilweise von der Atmosphäre gestreut und reflektiert wird. Ein Teil der auf das Spektralgebiet 0,3 - 3 μm entfallenden Strahlung erreicht als direkte Strahlung die Erde, ein anderer Teil gelangt als Himmelsstrahlung bzw. diffuse Strahlung auf die Erdoberfläche.

Wie in Kapitel 4 eingehender dargelegt werden wird, geben alle Körper eine ihrer Temperatur entsprechende Wärmestrahlung ab. Diese unterscheidet sich nur durch die Wellenlänge vom Sonnenlicht. Bei den auf der Erdoberfläche vorherrschenden Temperaturen liegen die Wellenlängen hauptsächlich zwischen 6 und 60 μm. Auf diesem Wellenlängenband erfolgt ein Energieaustausch zwischen Erdoberfläche, Atmosphäre und Weltraum, der in der Größenordnung dem Umsatz im sichtbaren Spektralbereich gleichkommt.

Insgesamt 72 % der Sonnenstrahlung werden von der Erde einschließlich der Atmosphäre absorbiert. Auf den Erdboden gelangen 47 %. Die Atmosphäre bewirkt nicht nur eine Schwächung der Sonnenstrahlung, sondern sie beeinflußt durch spektral unterschiedliche Absorption verschiedener Gase auch die spektrale Energieverteilung.

Aus Abb.2.13 ist die Energieverteilung der Sonnenstrahlung im Weltraum und an der Erdoberfläche zu ersehen. Zusätzlich ist zwischen direkter und globaler Einstrahlung unterschieden (Kap 2.3.1 und 2.3.2).

Die starken Absorptionsbanden im nahen Infrarot-Bereich sind vor allem durch den Wasser - und Kohlendioxidgehalt, die Banden im UV-Bereich durch den Ozongehalt in der Atmosphäre verursacht.

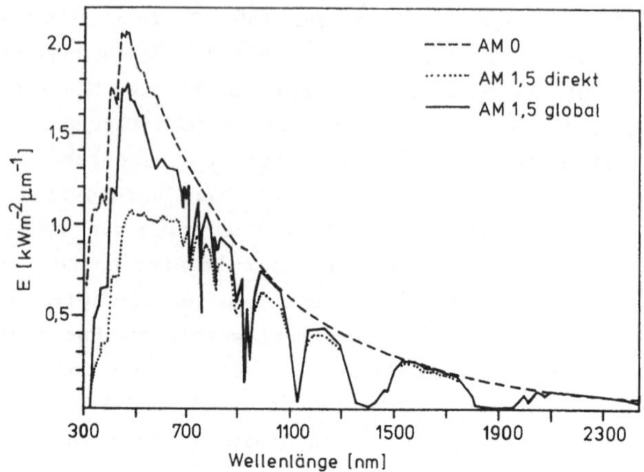

Abb.2.13: Wellenlängenabhängige Strahlungsleistung I für das
extraterrestrische Spektrum AM 0, das direkte terre-
strische Spektrum AM 1,5 und das Spektrum der
globalen Einstrahlung

Eine wichtige Definition in der Solartechnik ist die AM-Zahl. AM
steht für "Air Mass" und stellt ein Maß dar für die Weglänge des
direkten Sonnenlichts durch die Atmosphäre. Abb. 2.14 illustriert
die Definition der AM-Zahl.

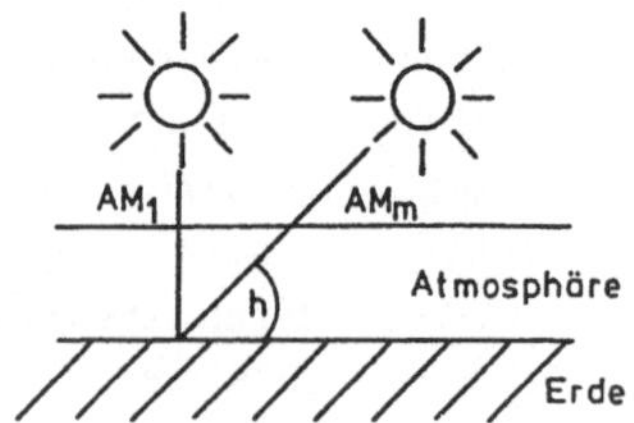

Abb. 2.14: Bestimmung der atmosphärischen Massenzahl AM
(Air Mass)

AM 1 ist diejenige Energie und   spektrale Verteilung der
direkten Strahlung, die bei senkrechtem Lichtdurchgang durch die
Atmosphäre bei Seehöhe gemessen wird. Wegen der Bedingung des
senkrechten Sonnenstandes kann AM 1 also nur in den Tropen ge-

messen werden. AM 2, 3 usw. bedeuten die doppelte bzw. dreifache Wegstrecke in der Atmosphäre. Entsprechend ist AM 0 das extraterrestrische Sonnenspektrum, das vor allem bei Raumfahrtanwendungen eine Rolle spielt. Allgemein gilt für AM m:

$$(2.12) \qquad m = 1 \, / \, \sin h$$

wobei h der Höhenwinkel der Sonne ist.
Die AM-Definition ist insoweit von Bedeutung, als alle Solaranlagen bei normierten Bedingungen bezüglich des Wirkungsgrads und anderer Eigenschaften vermessen werden müssen. Insbesondere bei spektral selektiven Empfängern ist nicht nur die Gesamtenergie, sondern auch die spektrale Verteilung von Einfluß. Für Solarzellen werden z. B. meist Wirkungsgrade bei AM 1 oder AM 1,5 angegeben.

2.3.1. Extinktion in der Atmosphäre

Extinktion nennt man die Schwächung des Lichts in einem optischen Medium durch Streuung und Absorption (siehe auch Kapitel 4). Für alle Extinktionsprozesse gilt folgendes Differentialgesetz:

$$(2.13) \qquad d\,I = - \, I_0 \, \varepsilon \, ds$$

Der Strahlungsfluß I_0 wird bei Durchlaufen der Wegstrecke ds um $I_0 \, \varepsilon \, ds$ geschwächt. I_0 ist der ursprüngliche Strahlungsfluß und ε der Extinktionskoeffizient. Durch Integration erhält man das Transmissionsgesetz:

$$(2.14) \qquad I = I_0 \cdot e^{-\varepsilon s} = I_0 \cdot \tau_G$$

$\tau_G = e^{-\varepsilon s}$ ist der Transmissionsfaktor.
Er setzt sich für die Atmosphäre aus drei Bestandteilen zusammen:

1. Rayleigh-Streuung $\qquad \tau_{RS}$
2. Mie-Streuung $\qquad \tau_{MS}$
3. Gasabsorption $\qquad \tau_{Ab}$

Es ist (2.15) $\qquad \tau_G = \tau_{RS} \cdot \tau_{MS} \cdot \tau_{Ab}$

Für die Rayleigh-Streuung, die den wichtigsten Beitrag darstellt, existiert folgende Beziehung:

$$(2.16) \qquad I_{RS} = I_0 \ e^{-\varepsilon_{RS} \ s}$$

mit dem Extinktionskoeffizienten $\quad \varepsilon_{RS} = 8\pi^3/3N\lambda^4 \ (\ n_i^2 - 1 \ )$
wobei

$\qquad$ N = Zahl der Gasmoleküle/m^3

$\qquad$ λ = Wellenlänge

$\qquad$ n_i = Brechungsindex.

Wegen des Terms λ^4 im Nenner von ε_{RS}' ist die Streuung bei kurzen Wellenlängen wesentlich stärker, was zur blauen Farbe des wolkenfreien Himmels führt: Das aus dem direkten Strahlengang herausgestreute blaue Licht gelangt teilweise über das Himmelsgewölbe zur Erde. Diese Wellenlängenabhängigkeit der Rayleighstreuung ist auch die Ursache für die starke Rotverschiebung bei großen AM - Zahlen (rote Morgen- und Abendsonne, siehe auch Abb. 2.18, 2.19) und den für den hohen Blauanteil der Globalstrahlung in Abb. 2.3

2.3.2 Globalstrahlung

Unter Globalstrahlung versteht man die gesamte, auf eine ebene oder geneigte Fläche fallende Strahlungsenergie im Bereich des Sonnenspektrums. (Auch im Bereich der langwelligen Wärmestrahlung kann es zu Nettoenergieflüssen kommen, die dann aber separat berücksichtigt werden.) Die Globalstrahlung G auf eine ebene Fläche setzt sich zusammen aus der direkten Strahlung I und der diffusen oder Himmelsstrahlung D; diese entsteht durch die oben genannten Streuvorgänge und durch Reflexion des Sonnenlichtes an Wolken:

$$(2.17) \qquad G = I + D$$

Auch die Globalstrahlung G auf gegenüber der Horizontalen geneigte Flächen läßt sich leicht angeben:

$$(2.18) \qquad G(\beta) = I(\beta) + D \ R_D$$

$I(\beta)$ ist dabei die direkte Strahlung auf eine geneigte Fläche.

Um den Faktor R_D für die diffuse Strahlung abzuleiten, betrachten wir Abb. 2.15:

Abb. 2.15: Integration der Globalstrahlung über den Halbraum

Wir setzen voraus, daß die diffuse Strahlung gleichmäßig aus allen Richtungen der Halbkugel des Himmels kommt. Diese Voraussetzung gilt zwar nicht streng, ist aber weitgehend erfüllt. Eine um den Winkel β gekippte Fläche sieht nur mehr einen Teil der Himmelsstrahlung, der durch den angegebenen Raumwinkel eingegrenzt ist. Durch Integration über den Raumwinkel erhält man:

$$(2.19) \qquad R_D = (1 + \cos \beta) / 2$$

Der vom Kollektor aus nicht sichtbare Teil ist demgemäß:

$$(2.20) \qquad (1 - \cos \beta) / 2 = 1 - R_D$$

Setzt man R_D in Gleichung 2.18 ein, dann ergibt sich die Globalstrahlung auf geneigte Flächen. Das ist aber noch nicht die vollständige Energiebilanz des Kollektors, da auch von der Umgebung reflektiertes Licht auf diesen gelangt. Der Winkel, unter dem der Kollektor die (als eben angenommene) Erdoberfläche "sieht", ist β; demnach ist der entsprechende Anteil des Raumwinkels $1 - R_D$. Die Gesamtstrahlung auf den Kollektor im Spektralbereich der Sonne ist also:

$$(2.21) \quad G = I(\beta) + D (1 + \cos \beta) / 2 + (D + I) \rho (1 - \cos \beta) / 2$$

Der zusätzliche letzte Term enthält die auf den Boden fallende Globalstrahlung, die mit dem Reflexionsfaktor ρ und dem entsprechenden Raumwinkelfaktor zu multiplizieren ist.

Der Reflexionsfaktor ρ, auch Albedo genannt, liegt im allgemeinen zwischen 0,2 und 0,4, kann jedoch zum Beispiel bei Schnee auch Werte von 0,7 erreichen.

Die Abb. 2.16 und 2.17 zeigen Messungen der gesamten Einstrahlung auf verschieden orientierte Flächen in Abhängigkeit von der Jahreszeit. Es handelt sich hier um einen Durchschnitt von 16 deutschen Meßstationen. Abbildung 2.16 gibt die Einstrahlung auf Südflächen unterschiedlicher Neigung wieder. Man erkennt die deutlichen Unterschiede in den Sommer- und Wintermonaten, die in qualitativer Übereinstimmung mit den Ergebnissen für die direkte Einstrahlung (Abb. 2.7 - 2.9) stehen.

Als direktes Ergebnis zeigt sich die gute Eignung der Südfassade (90)° als passive Solarkomponente mit relativ geringer Einstrahlung im Sommer (Überhitzungsproblem) und relativ hoher Einstrahlung im Winter (Wärmegewinne). Für die Neigung von Solarkollektoren bestätigt sich, daß Kollektoren in etwa entsprechend der geographischen Breite geneigt aufgestellt werden sollten.

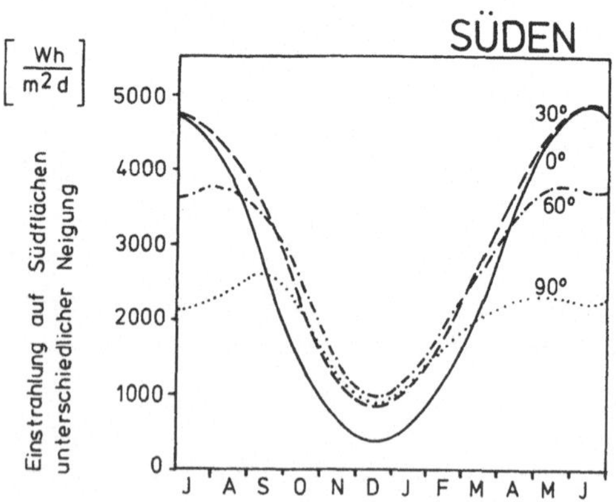

Abb. 2.16: Gesamtstrahlung auf Südflächen unterschiedlicher
           Neigung (Durchschnitt der Messwerte von 16 deutschen
           Meßstationen)

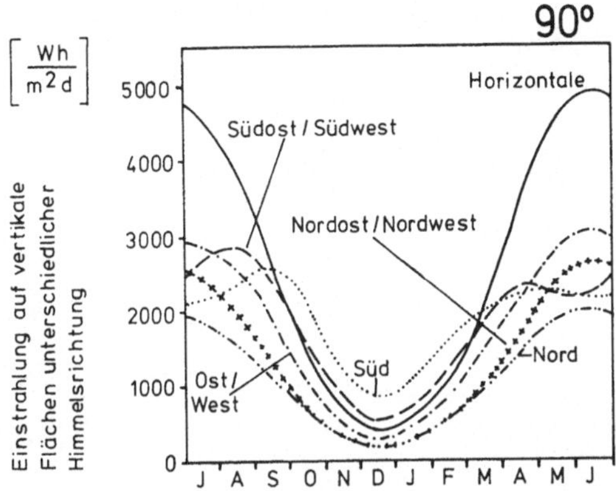

Abb. 2.17: Einfluß der Himmelsrichtung auf die Gesamteinstrahlung
auf senkrechte Flächen

In Abbildung 2.17 ist der Einfluß der Himmelsrichtung auf die Einstrahlung auf eine senkrechte Fläche wiedergegeben. Man erkennt
deutlich die relativ geringen Unterschiede in den Sommermonaten
und die Bevorzugung südlich orientierter Flächen im Winterhalbjahr.

Die Abbildungen 2.18 und 2.19 zeigen die spektrale Verteilung der
Globalstrahlung unter einer Glasscheibe, stündlich gemessen, für
einen schönen und einen nebligen Wintertag /29/.
Man erkennt deutlich die Verschiebung des Maximums der Einstrahlung zu längeren Wellenlängen in den Morgen- und Abendstunden
des schönen Tages. Jedoch auch zur Mittagszeit ist das Spektrum im
Vergleich zu Abb. 2.13 noch deutlich verschoben. Die Ursache dafür
liegt im tiefen Stand der Sonne während der Winterzeit (AM 2) und
der dadurch bedingten starken Streuung des kurzwelligen Lichtan-
teils. In Abb. 2.19 zeigt sich die ausgleichende Wirkung des
Nebels, der insgesamt zu einer tageszeitunabhängigen Blauverschie-
bung des Spektrums führt.

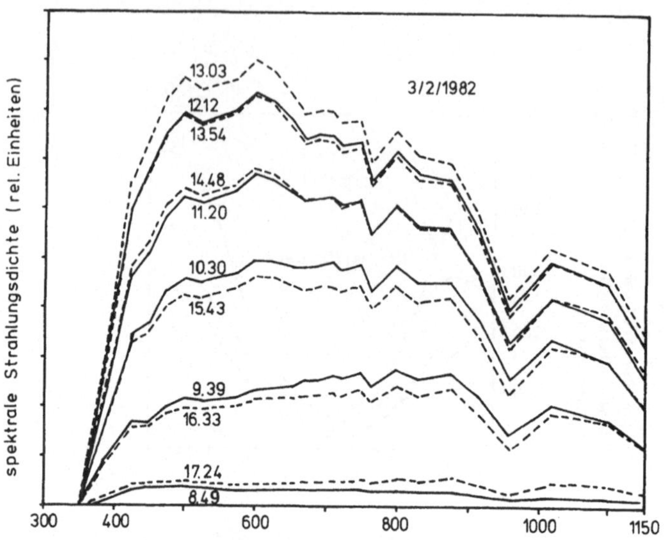

Abb. 2.18: Spektrale Verteilung der Globalstrahlung an einem schönen Wintertag (Parameter Tageszeit)

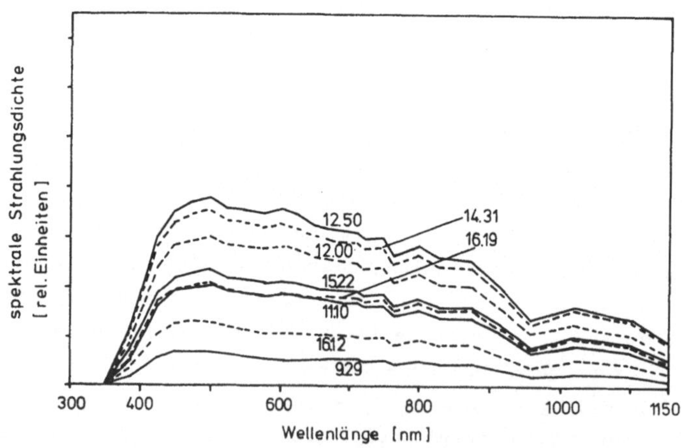

Abb. 2.19: Spektrale Verteilung der Globalstrahlung an einem nebligen Wintertag (Parameter Tageszeit)

3. Meßmethoden und Meßdaten

3.1 Meßmethoden für Sonnenstrahlung

Die Methoden zur Messung von Strahlung unterscheiden sich entsprechend den Eigenschaften der Strahlung. Für die Nutzung der Sonnenenergie sind es besonders zwei Kenngrößen, die man exakt kennen möchte. Dies ist zum einen die Intensität des direkten Sonnenlichtes I sowie die Intensität der gesamten Globalstrahlung G, die sich wiederum aus dem diffusen und dem gerichteten Anteil zusammensetzt.

Die Untersuchung der spektralen Aufteilung ist im Bereich der thermischen Nutzung von keiner großen Bedeutung und wurde bisher selten systematisch vorgenommen. Im Bereich der Photovoltaik gewinnt sie jedoch zunehmend an Interesse, da die Solarzellen keine integralen Energiesammler, sondern selektive Photonenzähler sind (Kap.4) und somit auf Veränderung der spektralen Verteilung empfindlich reagieren. Sowohl zur Messung von I wie auch von G werden in der Praxis kalorische Meßinstrumente eingesetzt, bei denen die Erwärmung eines Absorberelements durch das einfallende Licht gemessen wird.

Instrumente zur Messung des direkten Sonnenlichtes heißen Pyrheliometer. Ein Querschnitt durch den Detektor eines solchen Gerätes ist in Abb. 3.1 dargestellt.

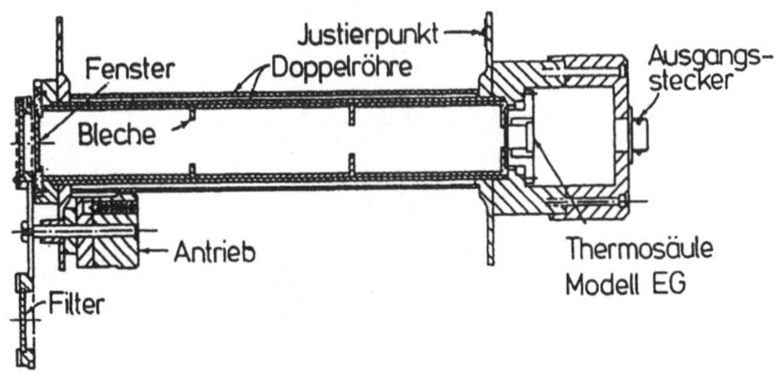

Abb. 3.1: Querschnitt durch ein handelsübliches Pyrheliometer
         mit Filterradvorsatz

Zentrale Bauteile des Gerätes sind das Kollimatorrohr sowie der eigentliche Detektor, welcher in vielen praktischen Fällen aus Thermoelementen besteht. Das Kollimatorrohr grenzt den beobachtbaren Raumwinkel ein. In der Praxis liegt dieser Öffnungswinkel meist im Bereich von 5°. Dies entspricht etwa dem hundertfachen Raumwinkel, unter dem die Sonne von uns aus zu sehen ist. Durch diese Maßnahme sind die Nachführbedingungen für das mechanische Nachführsystem, welches ein weiteres wichtiges Bauteil eines Pyrheliometers bildet, nicht so extrem. In der Praxis eingesetzte Pyrheliometer sind keine Absolutmeßgeräte, sondern sie besitzen einen vom Hersteller bestimmten Eichfaktor, der unter gewissen Umgebungsbedingungen Gültigkeit hat. Exakte Messungen der direkten Sonnenstrahlung sind nur an extrem klaren Tagen möglich. Im Falle von dunstigem oder diesigem Wetter kann es - bedingt durch Vorwärtsstreuung in der Atmosphäre - zu abweichenden Meßergebnissen kommen.

Pyrheliometermessungen sind entscheidend für konzentrierende Systeme (Kap.5) und zur Überprüfung von Streu- und Absorptionstheorien in der klaren Atmosphäre.

Für die Praxis sehr viel wichtiger sind die Messungen der Globalstrahlung. Sie werden meistens mit sogenannten Pyranometern durchgeführt. Abb. 3.2 zeigt eine Aufsicht auf ein solches Gerät.

Abb. 3.2: Bild eines handelsüblichen Pyranometers

Wichtigste Bestandteile sind der Detektor, der auch in diesem Fall aus einer Kombination von Thermoelementen besteht, und die kalottenförmige Abdeckung. Die Aufgabe der Kalotte ist der Schutz des Detektors vor Abkühlung durch die Umgebungsluft. Die Halbkugelform ist notwendig, um einen winkelunabhängigen Reflexionsgrad für das einfallende direkte und diffuse Sonnenlicht zu bekommen.

Die Schwierigkeiten bei der Messung mit Pyranometern liegen in der winkelabhängigen Empfindlichkeit des Instruments sowie im Einfluß der Umgebungsbedingungen (Temperatur, Wind). Bei guten Pyranometern liegt die Meßgenauigkeit bei horizontaler Aufstellung im Prozentbereich.

Um auch mit Pyranometern Aussagen über die direkte Sonneneinstrahlung zu bekommen, werden sie vor allem in der Meteorologie häufig mit einem Schattenring kombiniert. Dies ist ein zum Halbkreis geformter Streifen in Ost-West-Orientierung, der so montiert wird, daß er das direkte Sonnenlicht vom Pyranometer abhält. Der Drehwinkel des Schattenrings muß über den Lauf eines Jahres ständig dem Sonnenstand nachgeführt werden. Die Meßergebnisse an Pyranometern mit Schattenring liefern eine erste Aussage über den diffusen Anteil der Globalstrahlung.

Zur exakten Bestimmung der diffusen Strahlung muß die Abdeckung eines Teils des Raumwinkels durch den Schattenring berücksichtigt werden. Bei marktüblichen Instrumenten liegt diese Korrektur in Abhängigkeit von der Jahreszeit und dem Breitengrad bei 5 - 20 % /8/.

3.2 Meßergebnisse, Potential der Sonnenenergie in verschiedenen geographischen Regionen

Für alle Anwendungen der Sonnenenergie sind genaue Daten über Intensität und zeitliche Verteilung von Globalstrahlung, Direktstrahlung und diffuser Strahlung erforderlich. Da diese Werte stark von meteorologischen Bedingungen abhängen, können sie nur durch Messungen erhalten werden. Wegen der Schwankungen von Jahr zu Jahr sind mehrjährige Mittelwerte (z. B. über 10 Jahre) wünschenswert. An vielen Orten der Erde sind heute recht zuverlässige Strahlungsdaten verfügbar, aber an anderen ist die Datenbasis noch unbefriedigend.Um die Verhältnisse in der Bundesrepublik aufzuzeigen, wurden Hamburg und Freiburg als repräsentative Orte ausgewählt. Abbildungen 3.3 und 3.4 zeigen die mittlere horizontale tägliche Einstrahlung für die verschiedenen Monate. Für Freiburg ist zusätzlich noch die Aufteilung in den direkten und diffusen Anteil eingezeichnet.

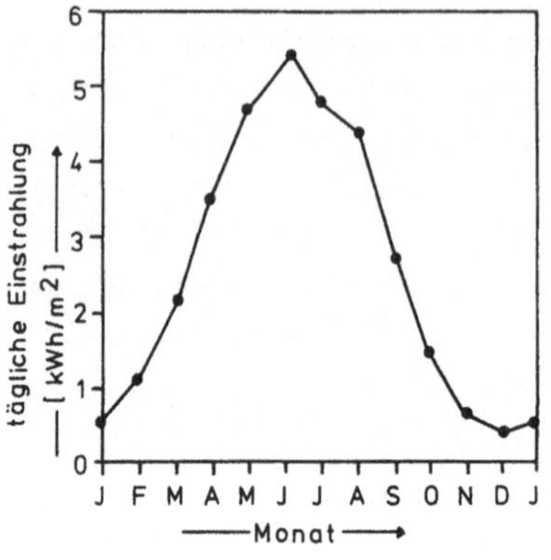

Abb. 3.3: Tägliche horizontale
Globaleinstrahlung
in Hamburg

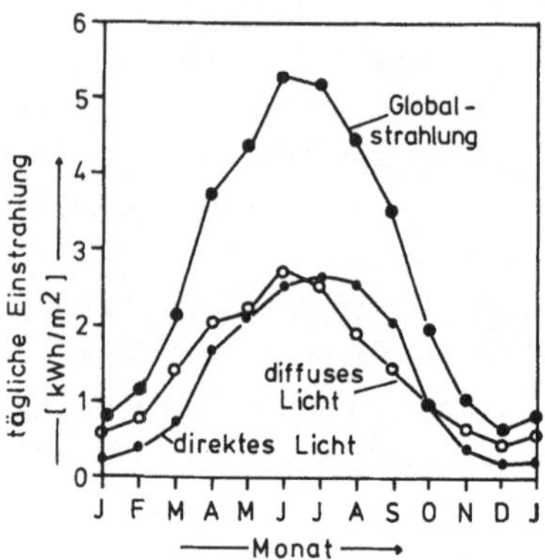

Abb. 3.4: Tägliche horizontale
Globaleinstrahlung in
Freiburg, direkter
und diffuser Anteil

Man sieht deutlich zwei Phänomene: erstens die signifikanten jahreszeitlichen Unterschiede und zweitens den hohen Anteil der diffusen Strahlung. Das Verhältnis zwischen dem sommerlichen Maximum im Juni und dem winterlichen Minimum im Dezember beträgt für Hamburg 14 : 1 und für Freiburg 6 : 1. Diese ungünstige Verteilung spielt in der Systemtechnik der möglichen Anwendungen der Sonnenenergie eine wichtige Rolle, da die Speicherung von Energie nur in sehr beschränktem Umfang möglich ist. Auch der hohe Diffusanteil in unserer Klimazone (zwischen 50 und 60 % in der Jahressumme) muß bei Kollektorkonstruktionen beachtet werden.

Das Verhältnis von diffuser zu direkter Einstrahlung ist in zweifacher Hinsicht interessant. Zum ersten gibt es jenen Anteil der Sonneneinstrahlung an, der in konzentrierenden Systemen zum Teil nicht genutzt werden kann; zum zweiten bietet diese Größe die Möglichkeit, Einstrahlungen auf beliebig orientierte Flächen zu bestimmen. In der Literatur wird das Verhältnis häufig gegen den Klarheitsindex aufgetragen, der sich aus dem Verhältnis von täglicher

Globalstrahlung zu täglicher extraterrestrischer Einstrahlung ergibt. Abb. 3.5 zeigt eine Korrelation für Tageswerte, wie sie von Collares-Pereira und Rabl /9/ nach Auswertung zahlreicher experimenteller Werte vorgeschlagen wird.

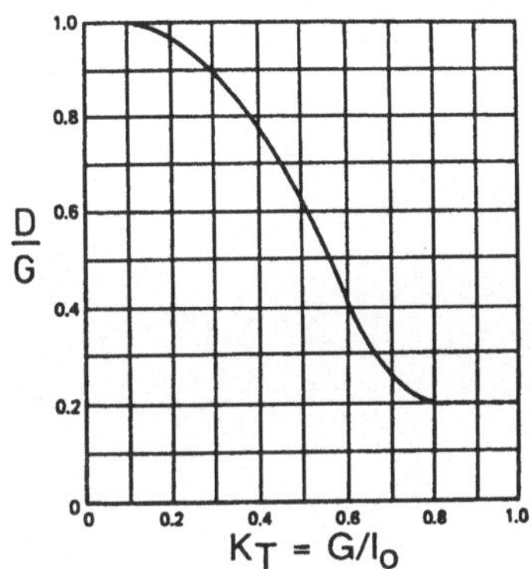

Abb. 3.5: Experimentell gefundene Korrelation zwischen dem Verhältnis von Globalstrahlung G und extraterrestrischer Direktstrahlung I_O und dem Verhältnis von horizontaler Diffusstrahlung D und der Globalstrahlung G für Tagesmittelwerte /9/

Daraus ergeben sich die wichtigen Erkenntnisse, daß an Tagen mit geringer Einstrahlung praktisch alles Licht diffus anfällt und daß selbst an sehr schönen Tagen 20 % des Lichtes immer diffus ist.

Für das Gebiet der europäischen Gemeinschaft sind in den letzten Jahren viele Einzelmessungen zusammengetragen und ausgewertet worden. Das Resultat ist der Atlas über die Sonnenstrahlung Europas /10/, der monatliche Strahlungsmittelwerte für ganz Westeuropa für ebene und geneigte Flächen enthält. Abb. 3.6 zeigt ein Beispiel aus dieser wichtigen Datenquelle.

Anhand der Messungen können wir nunmehr das Potential der Sonnenenergie an bestimmten Orten diskutieren. Tab. 3.1 gibt die gemittelten Jahressummen der Globalstrahlung auf ebene Flächen für verschiedene geographische und klimatische Zonen an.

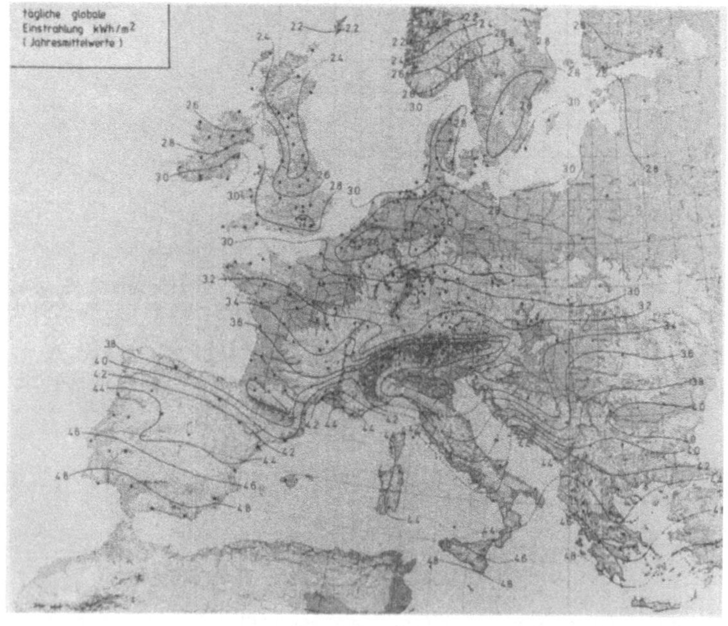

Abb. 3.6: Mittlere tägliche horizontale Einstrahlung für
          Westeuropa

Tabelle 3.1: Typische Jahressummen der horizontalen Globalstrahlung für verschiedene Standorte der Erde

London	945	kWh / m^2 Jahr
Hamburg	980	
Paris	1130	
Freiburg	1170	
Rom	1680	
Kairo	2040	
Arizona	2350	
Sahara	2350	

Tabelle 3.1. zeigt die erwartete Bevorzugung der südlichen und
insbesondere der Wüstenzonen auf. Trotzdem ist es erstaunlich, daß
zum Beispiel auf die Sahara nur 2,3 mal mehr Strahlungsenergie im
Jahr entfällt als im Durchschnitt auf die Bundesrepublik Deutschland.
Nun kann man realistischerweise nur einen gewissen Teil der
Sonnenenergie für Energiezwecke einsetzen, aber auch damit ergeben
sich noch interessante Zahlen. So macht die überbaute Fläche 4,5 %
der Fläche der Bundesrepublik aus. Bei einem angenommenen Energie-
umwandlungsgrad von 50 % würde also die Hälfte der Dachflächen den
gesamten Primärenergiebedarf befriedigen. Wir werden später erkennen, daß diese Art der Berechnung wegen der mangelnden Speicher-
barkeit unrealistisch ist, aber sie gibt einen Eindruck des Poten-
tials der Sonnenenergie.
Ein weiterer möglicher Weg ist die gleichzeitige technische und
landwirtschaftliche Nutzung. Dazu ist es wichtig zu wissen, daß
9 % der Gesamtfläche der Bundesrepublik aus Brachland bestehen.
Eine von uns angestellte Betrachtung zeigt, daß sich Sonnenenergie
und landwirtschaftliche Nutzung des Bodens sehr wohl vereinbaren
lassen. Wie bereits abgeleitet, sollten Sonnenkollektoren einen
Aufstellwinkel von etwa der geographischen Breite und, in unserer
Zone, etwa einen der dreifachen Kollektorbreite entsprechenden Abstand haben (Abb. 2.13).
Somit entspricht die Kollektorfläche nur einem Drittel der Landfläche. Wenn man die Kollektoren direkt auf dem Boden aufstellt,
dann entstehen starke Unterschiede der Bestrahlung der zwischen

den Kollektoren liegenden Fläche. Die Lösung bringt die Aufständerung der Kollektoren mit Hilfe eines wenig Schatten werfenden Gerüsts (Abb. 3.7).

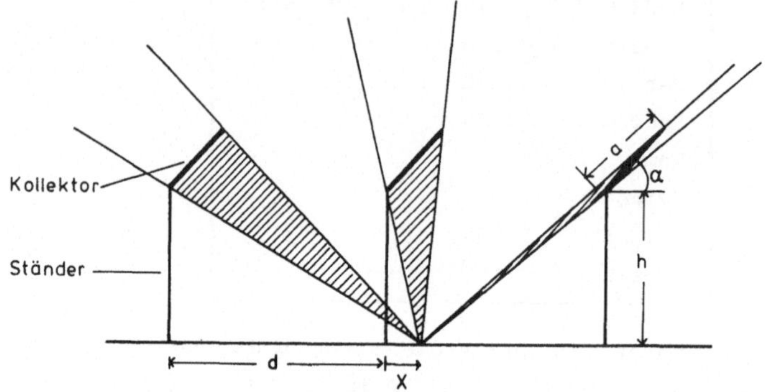

Abb. 3.7: Abschattung der diffusen Einstrahlung am Punkt x durch aufgeständerte Kollektoren

Eine ausführliche Berechnung der den Boden zwischen den Kollektoren erreichenden direkten und diffusen Strahlung ergibt die in Abb. 3.8 skizzierte monatliche Abhängigkeit /11/.

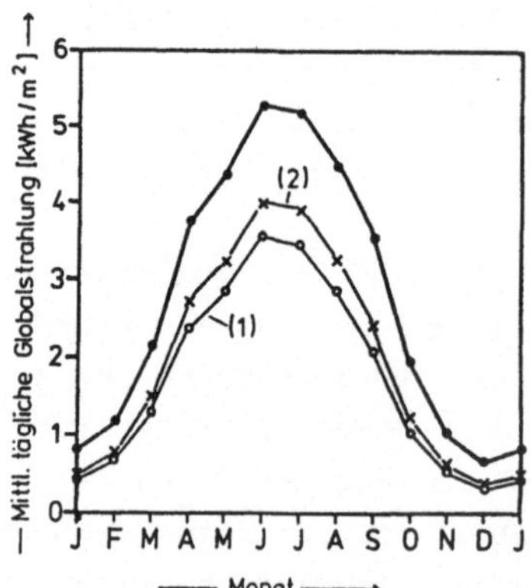

Abb. 3.8: Berechnete mittlere tägliche Einstrahlung am Erdboden für 2 verschiedene Ständersysteme:

1)   a = 1m; d = 3m; h = 2m; Φ = 48°
2)   a = 1m; d = 4m; h = 2m; Φ = 58°

Stark eingezeichnet: die normale Globalstrahlung

Man hat also gerade in der Hauptwachstumszeit von Nutzpflanzen genügend Sonnenlicht für viele in Frage kommende Pflanzen zur Verfügung. Auf diese Weise ließe sich die Energieausbeute einer gegebenen Fläche stark erhöhen. Darüberhinaus ist damit demonstriert, daß eine großflächige Sonnenenergienutzung also keines-
wegs zur Verödung der Landschaft führen muß.

4. Grundlagen der Strahlungsphysik

4.1. <u>Reflexions-, Transmissions- und Absorptionsgrad</u>

Die Grundlage aller Solarenergienutzung ist die Wechselwirkung des Strahlungsfeldes der Sonne mit einem materiellen Empfänger. Zur Charakterisierung und zum Verständnis der physikalisch-optischen Eigenschaften von Strahlungsfeld und Materie bedarf es einiger Begriffsbestimmungen und der Erläuterung der wichtigsten Zusammenhänge.

Die einfachste optische Charakterisierung eines Körpers ist gegeben durch sein rein visuelles Erscheinungsbild. Das Erscheinungsbild oder die Farbe eines Körpers wiederum ist bestimmt durch seinen Absorptions-, Transmissions- und Reflexionsgrad.

Außerdem ist uns aus der Erfahrung bekannt, daß Körper selbst zu leuchten beginnen, wenn man sie nur genügend erhitzt. Jeder Körper besitzt einen sogenannten Emissionsgrad. Welche Gesetzmäßigkeiten verbinden diese vier Kenngrößen und aus welchen physikalischen Grundeigenschaften der Materie lassen sie sich ableiten ?

Wir betrachten zunächst den Fall der äußeren Lichteinstrahlung auf einen Körper. Die Leistung des eingestrahlten Lichtes soll so klein sein, daß es während der Messung zu keiner Temperaturänderung der Probe durch die Absorption von Licht kommt. Zur Vereinfachung soll eine planparallele Probe betrachtet werden, auf die das Licht senkrecht auftrifft. Ähnliche Überlegungen ergeben sich jedoch auch für beliebige Ein- und Ausfallwinkel sowie für den Fall diffuser Einstrahlbedingungen. Aus dem Energieerhaltungssatz folgt, wenn man alle Größen auf 1 normiert:

$$(4.1) \qquad \rho + \alpha + \tau = 1$$

$$
\begin{aligned}
&\text{mit dem Reflexionsgrad} && 0 < \rho < 1 \\
&\text{mit dem Absorptionsgrad} && 0 < \alpha < 1 \\
&\text{mit dem Transmissionsgrad} && 0 < \tau < 1
\end{aligned}
$$

Diese Formeln gelten sowohl integral als auch spektral für jedes Wellenlängen- oder Frequenzintervall und sind nicht auf den uns vertrauten sichtbaren Spektralbereich beschränkt.

Zur Charakterisierung der optischen Eigenschaften eines Körpers reicht es, jeweils zwei der Kenngrößen zu bestimmen, da sich die dritte dann einfach berechnen läßt.

Bei allen drei Kenngrößen handelt es sich um Volumeneigenschaften eines Körpers, und somit sind für das optische Erscheinungsbild eines Körpers nicht nur die mikroskopischen Eigenschaften seines Materials, sondern auch seine geometrische Ausdehnung entscheidend.

Für die physikalische Berechnung der Größen ρ, τ und α führt man die zwei Größen R und T' ein, die sich wiederum direkt aus den Materialeigenschaften, die durch den komplexen Brechungsindex gegeben sind, ableiten lassen. Abbildung 4.1 zeigt das Prinzip der Berechnung.

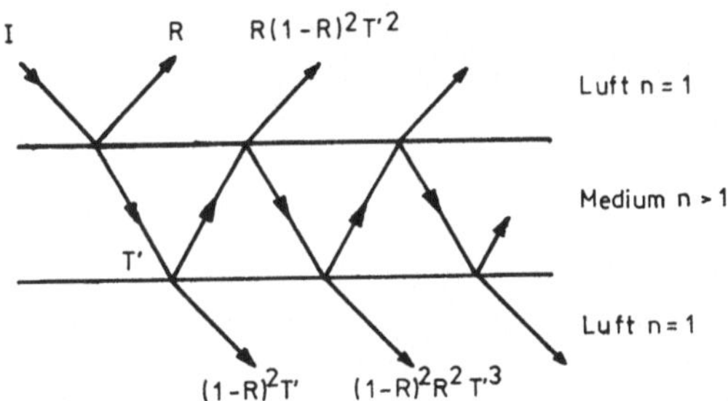

Abb. 4.1: Reflexion und Transmission von Licht an einer
planparallelen Platte

Aus der Umgebung auf die planparallele Platte auffallendes Licht wird zu einem bestimmten Anteil R reflektiert. Man bezeichnet R auch als das Reflexionsvermögen einer Materialoberfläche. Von dem ins Material eintretenden Anteil des Lichtes 1 - R gelangt der Anteil T' zur rückseitigen Oberfläche. Somit beinhaltet T' eine Aussage über den Anteil des Lichtes, der in der Platte bei einem Durchgang absorbiert wird.

Der Zusammenhang zwischen dem komplexen Brechungsindex n^*

$$(4.2) \qquad n^* = n - i \cdot k$$

und den Größen T' und R ist durch folgende aus der Optik bekannte Formeln gegeben. Das Reflexionsvermögen R einer Oberfläche für

senkrecht auftreffende Strahlung gegenüber Luft oder Vakuum ergibt
sich zu :

$$(4.3) \qquad R = \frac{(n-1)^2 + k^2}{(n+1)^2 + k^2}$$

Die Transmission T' ist durch

$$(4.4) \qquad T' = \exp(-d\,a)$$

bzw. $\qquad T' = \exp(-4\pi k\,d/\lambda)$ bestimmt.

d ist dabei die Dicke der Probe.
n ist der Realteil des Brechungsindex und k gibt die Größe des
Imaginärteiles an und ist eng mit dem Absorptionskoeffizienten des
Materials verknüpft:

$$(4.5) \qquad a = 4\pi k/\lambda$$

λ ist hierin die Wellenlänge des Lichtes.
Der Gesamttransmissionsgrad ergibt sich durch Summation der Ein-
zelkomponenten zu:

$$(4.6) \qquad \tau = (1-R)^2\, T'\, (1 + R^2\, T'^2 + R^4\, T'^4 + \ldots)$$

Die Berechnung der unendlichen geometrischen Reihe ergibt:

$$(4.7) \qquad \tau = (1-R)^2\, T'\, \sum_{m=0}^{\infty} R^{2m}\, T'^{2m}$$

$$\tau = (1-R)^2\, T'/(1 - R^2\, T'^2)$$

Das gleiche Verfahren läßt sich für den Gesamtreflexionsgrad
durchführen und ergibt:

$$(4.8) \qquad \rho = R\,[1 + T'^2\,(1-R)^2/(1 - R^2\, T'^2)]$$

Das Komplement der Summe von ρ und τ entspricht dem

Gesamtabsorptionsgrad:

$$(4.9) \qquad \alpha = 1 - \rho - \tau$$

$$\alpha = (1 - R) - (1 - R)^2 \cdot (T' + R\,T'^2) \,/\, (1 - R^2\,T'^2)$$

Anhand der Formeln erkennt man, daß der Reflexionsgrad einer Probe stark vom Wert von T' abhängt. Für stark absorbierende Proben mit großem k erhält man :

$$(4.10) \qquad R = \rho$$

Das heißt, daß der Reflexionsgrad einer Probe gleich dem Reflexionsvermögen der Oberfläche wird. Der andere Grenzfall für schwach absorbierende Proben T' ≈ 1 ergibt:

$$(4.11) \qquad \rho = 2\,R \,/\, (1 + R)$$

Für viele transparente Materialien wie Glas oder Kunststoffolien ist k im sichtbaren Spektralbereich sehr viel kleiner als n, sodaß der Reflexionsgrad rein durch den Brechungsindex bestimmt wird.
Ein großer Absorptionsgrad läßt sich immer durch zunehmende Dicke des Materials erreichen. In vielen realen Materialien oder Medien tritt neben der Absorption auch Streuung auf (Kap. 2). Der Gesamtverlust für das transmittierte Licht läßt sich durch einen gemeinsamen Extinktionskoeffizienten charakterisieren :

$$(4.12) \qquad \varepsilon = a_{Abs} + a_{Str}$$

Die Abhängigkeit der Transmission von der Dicke ergibt sich entsprechend (2.14) zu :

$$(4.13) \qquad I = I_o\,e^{-\varepsilon d}$$

Bei den nachfolgenden Betrachtungen wird jedoch die Streuung vernachlässigt.
In Abbildung 4.2 ist die Transmission von Fensterglas in Abhängigkeit von seiner Dicke für den Spektralbereich der Sonneneinstrahlung dargestellt. Als Abszisse wird hier die Wellenlänge λ in der

Einheit μm benutzt. Häufig wird jedoch auch der reziproke Wert von λ, die sogenannte Wellenzahl ν, in den Einheiten cm^{-1} gebraucht. Varianten dieser zweiten Auftragung sind Auftragungen über die Energie - häufig in den Einheiten eV - oder über die Kreisfrequenz $\omega = 2\,\pi\,c\,/\,\lambda$ in den Einheiten sec^{-1}.
Tabelle 4.1 zeigt den Zusammenhang zwischen den verschiedenen Einheiten.

Tabelle 4.1: Spektrale Maßeinheiten

	(μm)	(cm^{-1})	(eV)	(s^{-1})
Wellenlänge (μm)	1	10000	1,239	$1,88\cdot10^{15}$
Wellenzahl (cm^{-1})	10000	1	$1,239\cdot10^{-4}$	$1,88\cdot10^{11}$
Energie (eV)	1,239	8071	1	$1,52\cdot10^{15}$
Kreisfrequenz (s^{-1})	$1,88\cdot10^{12}$	$5,3\cdot10^{-12}$	$6,6\cdot10^{-16}$	1

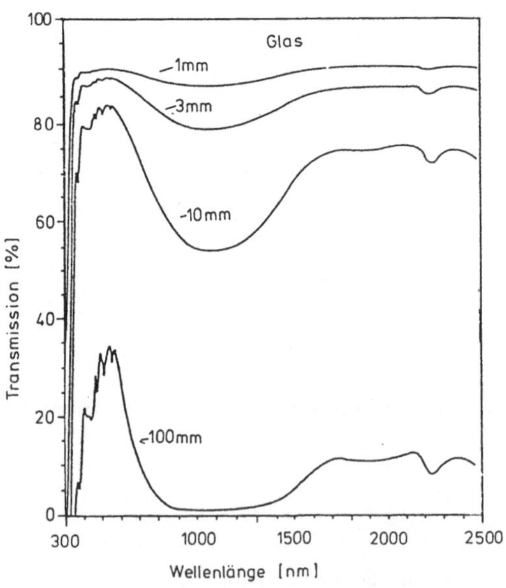

Abb. 4.2: Transmission von Fensterglas verschiedener Dicke im Spektralbereich der Sonneneinstrahlung

Man erkennt, daß dünnes Glas zunächst sehr transparent ist. Mit zunehmender Dicke verfärbt sich handelsübliches Glas langsam grün - bedingt durch die Absorption des im Fensterglas enthaltenen Eisens - und wird schließlich vollkommen undurchsichtig. Im Solarbereich verwendet man daher bevorzugt eisenarme Gläser, deren Einsatz jedoch leider wieder mit höheren Kosten verbunden ist.

Im infraroten Spektralbereich besitzt Glas, bedingt durch die Wechselwirkung der Strahlung mit den Gitterschwingungen, zunehmend höhere Absorptionskoeffizienten. Dies führt zunächst zu zunehmender Absorption bzw. abnehmender Transmission bei schon relativ kleinen Schichtdicken. Im Bereich der stärksten Absorptionslinien (SiO-Schwingungen) wächst k so stark an, daß es der dominierende Part für den Reflexionsgrad wird. Damit wird bereits ein großer Teil des Lichtes an der Oberfläche reflektiert, und somit wird die Transmission entsprechend vermindert. Abbildungen 4.3 und 4.4 zeigen einen Vergleich der Transmission und Reflexion einer dünnen Glasplatte im infraroten Spektralbereich.

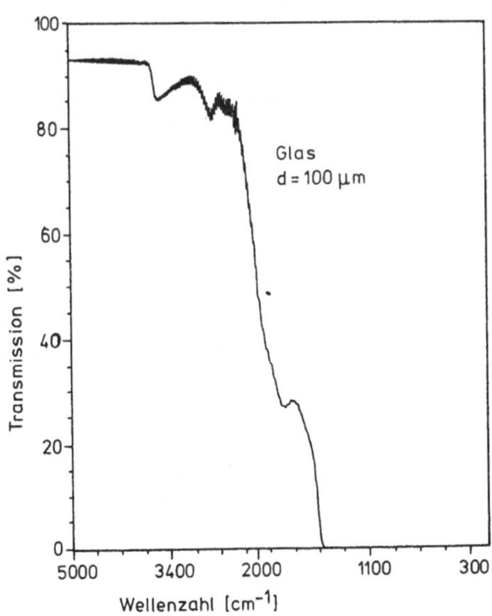

Abb. 4.3: Transmission einer dünnen Glasplatte

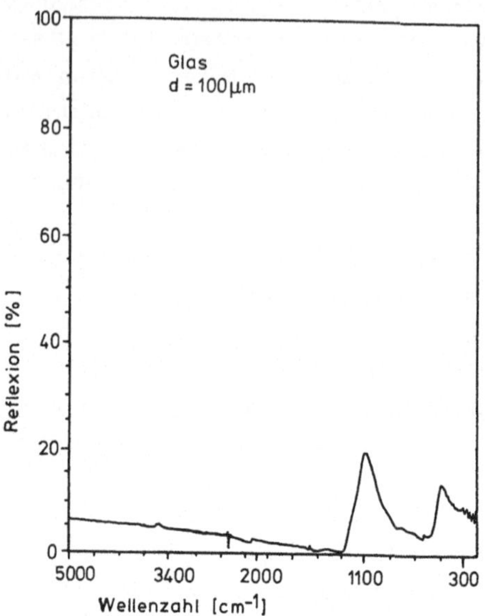

Abb. 4.4: Reflexion einer dünnen Glasplatte

Die höchsten Brechungsindizes von herkömmlichen Materialien liegen im Bereich zwischen 3 und 4. Damit erhält man ein maximales Reflexionsvermögen von R = 0,36 für eine Oberfläche. Ein höheres Reflexionsvermögen läßt sich nur durch hohe k - Werte der Materialien erreichen. Typische Beispiele sind die Edelmetalle, die aufgrund ihrer guten Leitfähigkeit extrem hohe Absorptionskoeffizienten besitzen (Wechselwirkung des Lichtes mit den frei beweglichen Elektronen). Erreichbare Reflexionsvermögen bzw. Reflexionsgrade, die sich im Falle starker Absorption beide entsprechen, liegen im Bereich von R = ρ = 0,98.

Hohe Absorptionsgrade lassen sich nur mit Absorptionskoeffizienten k ≈ 1 und entsprechenden Schichtdicken erreichen.

Die häufig auftretende Variation von ρ und α in Abhängigkeit von der Wellenlänge der Energie spielt eine bedeutende Rolle bei der effektiven Nutzung von Sonnenenergie (Kap. 5).

4.2 Emissionsgrad und Schwarzer Strahler

Körper mit $\alpha = 1$ werden als schwarze Körper oder schwarze Strahler bezeichnet, da sie aufgrund von Formel 4.1 alles Licht absorbieren. Bedingt durch die Reflexion an der Oberfläche können ebene, glatte Körper diesen Wert nie erreichen. Fast ideale schwarze Flächen lassen sich durch eine kleine Öffnung in einem Hohlraum, in der alles einfallende Licht absorbiert wird, erzeugen.

Die bisher durchgeführten Überlegungen zur Strahlungsbilanz galten unter der Annahme, daß die eingestrahlte Energie klein ist gegenüber der Wärmekapazität der Meßproben und somit die Temperatur konstant bleibt.

Im Falle der thermischen Nutzung von Sonnenenergie wollen wir jedoch Körper durch die Absorption der Sonnenstrahlung auf Temperaturen aufwärmen, die höher als die Umgebungstemperatur sind. Dies führt, wie wir aus der Praxis wissen, zu einer vermehrten Abstrahlung des Körpers an die Umgebung.

Aus Gründen der Energieerhaltung folgt, daß ein Körper um so mehr Energie aufnehmen wird, je höher sein Absorptionsgrad α ist. Wenn man der Einfachheit halber die Versuche im Vakuum durchführt und somit Wärmeverluste durch Luftleitung ausschließt, so wird die Temperatur, die der Körper erreicht, durch seinen Emissionsgrad ε bestimmt. Mittels einer sehr einfachen Versuchsanordnung konnte Kirchhoff sein berühmtes Gesetz

$$(4.14) \qquad \varepsilon = \alpha \, \varepsilon_s$$

herleiten, welches besagt, daß der Emissionsgrad eines Körpers gleich dem Produkt aus seinem Absorptionsgrad mit dem Emissionsgrad eines Schwarzen Körpers ist. Zur Veranschaulichung sollen Kirchhoffs Überlegungen hier kurz nachvollzogen werden (Abb.4.5). Eine schwarze Platte mit der Temperatur T_1 sei mit einem Wärmebad verbunden. Ihr gegenüber befinden sich zwei Platten geringer Masse mit der Temperatur T_2 und T_3. Nach einiger Zeit haben sich aufgrund des zweiten Hauptsatzes die Temperaturen T_2 und T_3 der Temperatur T_1 angeglichen, und es ergibt sich folgende Strahlungsbilanz:

$$(4.15) \qquad \varepsilon_s \, \alpha_2 = \varepsilon_2 \quad \text{und} \quad \varepsilon_s \, \alpha_3 = \varepsilon_3$$

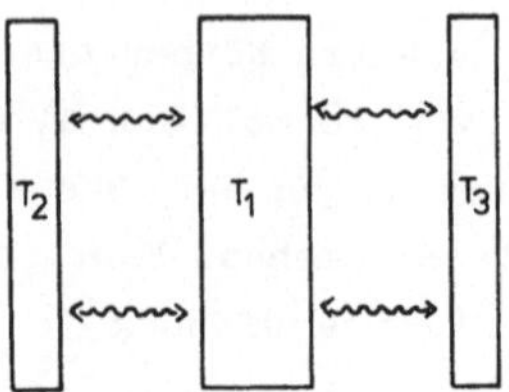

Abb. 4.5: Ausgangslage der Kirchhoffschen Überlegungen

Daraus folgt:

$$(4.16) \qquad \varepsilon_2 \, / \, \alpha_2 = \varepsilon_3 \, / \, \alpha_3 = \varepsilon_s$$

Das heißt, daß das Verhältnis aus Emissionsgrad und Absorptionsgrad eines Körpers gleich dem Emissionsgrad eines schwarzen Strahlers derselben Temperatur ist.
Kirchhoff konnte nachweisen, daß Formel 4.14 nicht nur integral
gilt, sondern auch spektral für jeden Raumwinkel und verschiedene
Polarisationsrichtungen:

$$(4.17) \qquad \varepsilon(\omega,\Omega,T) \, / \, \alpha(\omega,\Omega,T) = \varepsilon_s(\omega,\Omega,T)$$

Da ein Körper im Gleichgewicht nicht mehr Energie abstrahlen kann,
als er absorbiert, ergibt sich aus der Definition $\alpha_s = 1$ die Fol-
gerung $\varepsilon_s = 1$ und damit eine weitere Schlußfolgerung des Kirchhoffschen Gesetzes:

Der Emissionsgrad eines Körpers ist gleich seinem Absorptionsgrad.

Da der Absorptionsgrad eines Körpers durch seinen komplexen
Brechungsindex und seine geometrischen Dimensionen bestimmt ist,
gilt dasselbe für den Emissionsgrad. Entsprechend der Variation
des Absorptionsgrades in Abhängigkeit von der Wellenlänge wird
sich auch der Emissionsgrad bei vielen Materialien stark mit der
Wellenlänge ändern.

Zur Bestimmung der absoluten Intensität der Emission eines Körpers ist es jedoch noch notwendig, die Strahlung eines schwarzen Körpers zu verstehen. Die Frage nach der theoretischen Erklärung der schwarzen Strahlung bildete lange Zeit ein ungeklärtes Problem. Sie wurde erst von Max Planck durch Einführung der Quantisierung des Strahlungsfeldes gelöst. Heute läßt sich die Eigenschaft eines schwarzen Strahlers sehr elegant mit Hilfe der Quantenmechanik herleiten /12/. Hier sollen jedoch nur die Resultate der Planckschen Überlegungen diskutiert werden, die auf der Grundlage eines harmonischen Oszillators mit diskreten Energieniveaus aufbauten.

Zentrale Formel der Planckschen Theorie ist die spektrale Energiedichte, die angibt, wieviele Photonen der Energie

$$(4.18) \qquad E = \hbar\,\omega = h\,c\,/\,\lambda$$

im Volumenelement dV eines schwarzen Strahlungsfeldes der Temperatur T pro Frequenz- oder Wellenlängenintervall $d\omega$ bzw. $d\lambda$ vorhanden sind.

$$(4.19) \qquad u\,(\omega,T) = \hbar\,\omega^3\,/\,(\,\pi^2\,c^3\,(\,e^{\hbar\omega/kT} - 1\,)\,)$$

$$(4.20) \qquad u\,(\lambda,T) = 8\,\pi\,h\,c\,/\,(\,\lambda^5\,(\,e^{hc/\lambda kt} - 1\,)\,)$$

Die Integration der spektralen Energiedichte über das Volumen ist trivial. Die Integration über den gesamten Frequenzbereich läßt sich am einfachsten nach folgenden Substitutionen durchführen:

$$(4.21) \qquad \hbar\,\omega\,/\,k\,T = x$$

$$(4.22) \quad E = \int_0^\infty \int_0^\infty u(\omega)\,d\omega\,dV = V \int_0^\infty (\,\hbar\,\omega^3\,/\,(\,\pi^2\,c^3\,(e^{\hbar\omega/kT} - 1)\,)\,)\,d\omega$$

$$= V\,k^4\,T^4\,/\,\pi^2\,\hbar^3\,c^3 \int_0^\infty (\,x^3\,/\,(e^x - 1)\,)\,dx$$

Dieses Integral ist exakt lösbar und ergibt eine Konstante

$$(4.23) \qquad \int_0^\infty (\,x^3\,/\,(e^x - 1)\,)\,dx = \pi^4\,/\,15$$

Somit ergibt sich für die gesamte Strahlungsenergie in einem schwarzen Strahler:

$$(4.24) \qquad E = \pi^2\, k^4\, V\, T^4\, /\, 15\, \hbar^3\, c^3$$

Dies ist das berühmte Stefan-Boltzmannsche Strahlungsgesetz, welches besagt, daß die Energie eines schwarzen Strahlers mit der vierten Potenz seiner Temperatur zunimmt.

Von entscheidender Bedeutung für die Nutzung der Sonnenenergie ist die Abstrahlung eines schwarzen Strahlers pro Flächenelement und Zeitintervall. Sie ergibt sich zu:

$$(4.25) \qquad I = c\, E\, /\, 4\, V = \pi^2\, k^4\, T^4\, /\, 60\, \hbar^3\, c^2 = \sigma\, T^4$$

mit der Stefan-Boltzmannkonstante:

$$(4.26) \qquad \sigma = \pi^2\, k^4\, /\, 60\, \hbar^3\, c^2 = 5{,}67 \cdot 10^{-8}\ Wm^{-2}K^{-4}$$

Die spektrale Verteilung eines schwarzen Strahlers wird allein durch den Integranden von Gleichung 4.23 bestimmt (Abb.4.6).

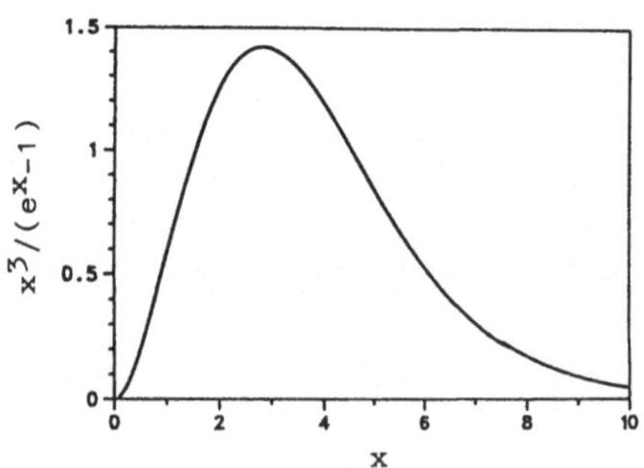

Abb. 4.6: Darstellung des Integranden von Gleichung 4.23
(normierte schwarze Strahlerkurve)

Differenzierung des Integranden nach x ergibt die Lage des Maximums in Abhängigkeit von der Temperatur:

$$(4.27) \qquad \frac{d}{dx}\, (x^3\, /\, (e^x - 1)) = 0 \implies 3e^x - x e^x + x = 0$$

Die numerische Lösung ergibt:

(4.28) $x_{Max} = 2,82$ $\hbar\omega_{Max} = 2,82\ k\ T$

(4.29) $\nu_{Max} = 1,96\ T\ (cm^{-1})$

Das bedeutet, daß die Lage des Maximums eines schwarzen Strahlers sich linear mit der Temperatur zu höheren Frequenzen bzw. Wellenzahlen verschiebt. Im Prinzip handelt es sich hier um die gleiche Aussage wie im Wienschen Verschiebungsgesetz, das besagt, daß die Wellenlänge des Maximums sich mit wachsender Temperatur zur kürzeren Wellenlänge verschiebt. Für die Auftragung im Wellenlängenmaßstab ergibt sich:

(4.30) $\lambda_{Max} = 2898\ /\ T\ (\mu m)$

Die unterschiedliche Lage der Maxima ergibt sich aus den unterschiedlichen Auftragsweisen: Wellenzahl- und Wellenlängenmaßstab. Abbildungen 4.7 und 4.8 zeigen einen Vergleich schwarzer Strahlerkurven für verschiedene Temperaturen in den verschiedenen Auftragungsweisen:

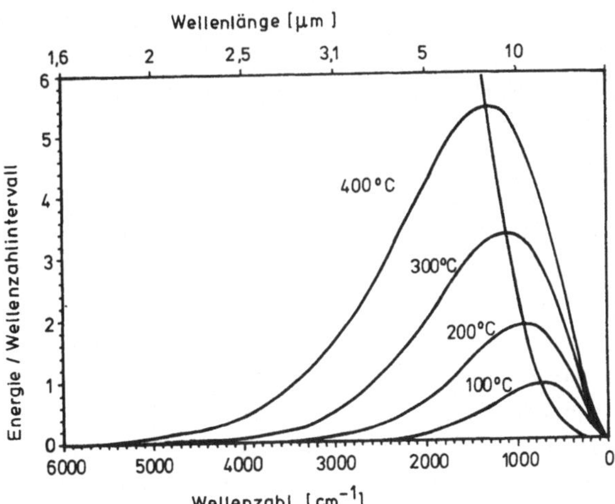

Abb. 4.7: Schwarze Strahler unterschiedlicher Temperatur, Auftragung Energiedichte pro Wellenzahlintervall

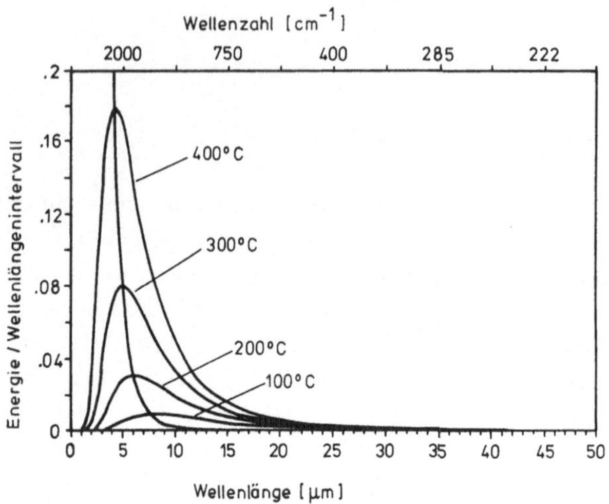

Abb. 4.8: Schwarze Strahler unterschiedlicher Temperatur,
Auftragung Energiedichte pro Wellenlängenintervall

Eine weitere Variante der Auftragung ergibt sich, wenn man anstatt
der Energiedichte die Anzahl der Photonen pro Energie- oder Wellenlängenintervall aufträgt. Wie in Abbildungen 4.9 und 4.10 zu
sehen ist (Schwarzer Strahler von 5760 K, Sonne), führt dies zu
einer weiteren Verschiebung des Maximums zu kleineren Wellenzahlen
bzw. zu längeren Wellenlängen.
Bei der thermischen Nutzung der Sonnenenergie ist es sinnvoller,
die Ordinate als Energiedichte aufzutragen, da man dort Energien
umwandeln will. In der Photovoltaik dagegen trägt man besser die
Photonendichte auf, da Solarzellen in erster Näherung Photonenzähler und keine Energieflußintegratoren sind.
Ähnliches gilt für das Auge, so daß die Behauptung, die Empfindlichkeit des menschlichen Auges sei an die spektrale Verteilung
der Sonnenstrahlung angepaßt, nicht so ohne weiteres stimmt. Die
Optimierung des Auges ist nur unter Berücksichtigung thermischer
Aktivierungsprozesse zu verstehen, die eine Verschiebung der Empfindlichkeit ins Langwellige, welche von der Photonenverteilung
her sinnvoll wäre, verbieten /13/.

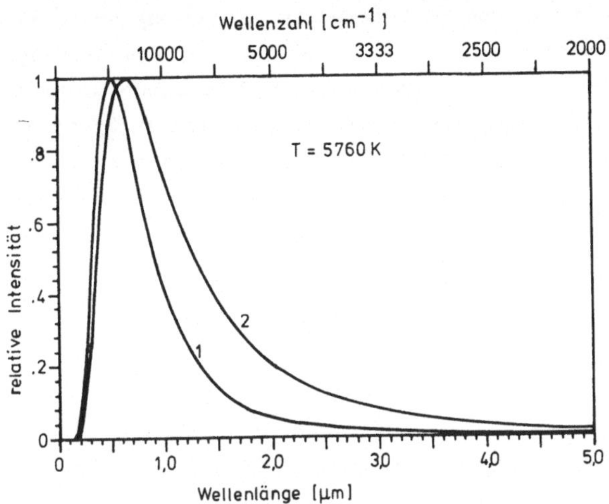

Abb. 4.9: Schwarzer Strahler T = 5760 K 1) Energiedichte $/\mu m$
2) Photonendichte $/\mu m$

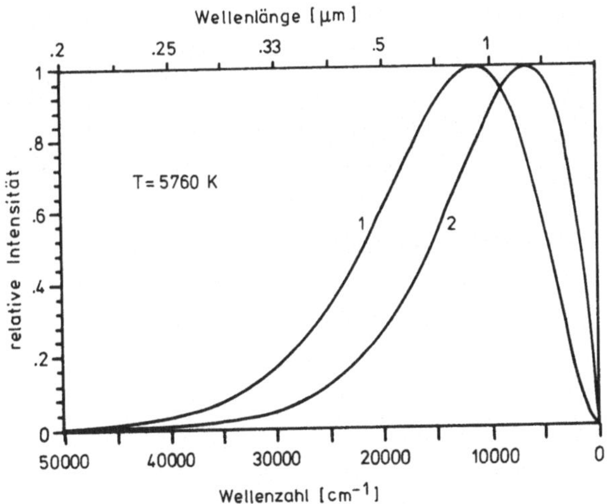

Abb. 4.10: Schwarzer Strahler T = 5760 K 1) Energiedichte $/cm^{-1}$
2) Photonendichte $/cm^{-1}$

Bei der Umwandlung von Sonnenenergie (Strahlungsenergie) in thermische oder mechanische Energie ist es für den Wirkungsgrad von
entscheidender Bedeutung, bei welcher Temperatur diese Umwandlung
stattfindet (Carnotprozeß). Dazu muß man sich zunächst klarmachen,
welche Temperatur man dem Sonnenlicht auf der Erde zuordnen darf.
Für das direkte Sonnenlicht ergibt sich die Strahlungsdichte gemäß
Formel 4.22:

$$(4.31) \qquad I(\Omega) = (\Omega\, \hbar\, /\, \pi^2\, c^3) \int_0^\infty \omega^3\, /\, (e^{\hbar\omega/kT} - 1)\; d\omega$$

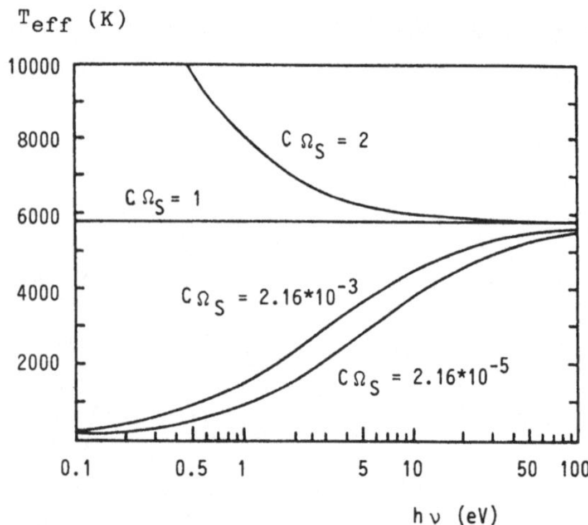

Abb.4.11: Abbhängigkeit der effektiven Temperatur T_{eff} von der
Energie des absorbierten und emittierten Quants $\hbar\omega$ für
verschiedene Geometriefaktoren $C\Omega_S$.
$C\Omega_S = 2{,}16\cdot10^{-5}$ entspricht dem unkonzentrierten
Sonnenlicht auf der Erdoberfläche

Hierbei ist Ω der sogenannte Schwächungsfaktor (Raumwinkelfaktor, unter dem man die Sonne von der Erde sieht, Abb. 2.1). Untersucht man die Stillstandstemperatur, die eine Absorberfläche im Vakuum auf der Erde im Strahlungsfeld der Sonne erreichen kann, so kommt man zu folgender detaillierter Gleichgewichtsgleichung:

$$(4.32) \qquad \Omega \, \omega^3 \, / \, (e^{\hbar\omega/kTs} - 1) = 2 \, \pi \, \omega^3 \, / \, (C \, (e^{\hbar\omega/kT} - 1))$$

Mit C kann eine eventuelle Konzentration der Strahlung berücksichtigt werden (siehe Kap. 5). Auflösung nach T ergibt:

$$(4.33) \qquad T = T_{eff}(\omega,C) = \hbar \, \omega \, / \, (k \ln ((2 \, \pi \, / \, C \, \Omega) \, (e^{\hbar\omega/kTs} - 1)))$$

$T_{eff}(\omega,C)$ ist die sogenannte effektive Temperatur eines verdünnten Schwarzen Strahlers. Sie ist, wie man sofort erkennt, keine Konstante mehr, sondern sowohl von der Frequenz wie auch vom Konzentrationsfaktor des Schwarzen Strahlers abhängig. T_{eff} ist die maximale Stillstandstemperatur, die ein schmalbandiger Absorber $(d\omega)$ in Wechselwirkung mit der Sonne erreichen kann. Die effektive Temperatur nähert sich mit steigender Frequenz und zunehmender Konzentration C der Temperatur T der Sonne (Abbildung 4.11).
In der Praxis sind schmalbandige Absorber nicht interessant, da sie nur einen beliebig kleinen Teil der Sonnenenergie absorbieren. Das Prinzip der Temperaturerhöhung durch spektrale Selektivität läßt sich jedoch auch praktisch nutzen, wenn man den schmalbandigen Absorber (Deltafunktion) durch einen Absorber mit Sprungfunktion ersetzt, der folgende Eigenschaften besitzt (siehe auch Abb. 5.5):

$$\alpha(\omega) = 1 \quad \text{für} \quad \omega > \omega_C$$
$$\alpha(\omega) = 0 \quad \text{für} \quad \omega < \omega_C$$

bzw.

$$\alpha(\lambda) = 1 \quad \text{für} \quad \lambda < \lambda_C$$
$$\alpha(\lambda) = 0 \quad \text{für} \quad \lambda > \lambda_C$$

Für das Strahlungsgleichgewicht zwischen Absorber und Sonne ergibt sich dann folgende Gleichung:

$$(4.34) \qquad \Omega \, C \int_0^{\lambda_C} u \, (\lambda, T_S) d\lambda \; = \; \int_0^{\lambda_C} u \, (\lambda, T_A) \, d\lambda$$

Hierbei ist angenommen, daß die Abstrahlung des Absorbers in den halben Raumwinkel erfolgt.

Auflösung der Gleichung 4.34 nach T_A führt im Prinzip zu ähnlichen Kurven wie in Abbildung 4.11.

Das Strahlungsgleichgewicht in Gleichung 4.34 läßt sich im Prinzip auf beliebige Absorptionseigenschaften erweitern und man erhält ganz allgemein:

$$(4.35) \qquad \Omega\, C \int_0^\infty \alpha(\lambda)\, u(\lambda,T_S)\, d\lambda = \int_0^\infty \alpha(\lambda)\, u(\lambda,T_A)\, d\lambda$$

Die auf die Gesamtintensität des schwarzen Strahlers normierten Integrale sind definiert als:

$$(4.36) \qquad \bar{\alpha} = \int_0^\infty \alpha(\lambda)\, u(\lambda,T_S)\, d\lambda / \sigma T_S^{\,4} \quad \text{und}$$

$$\bar{\varepsilon} = \int_0^\infty \alpha(\lambda)\, u(\lambda,T_A)\, d\lambda / \sigma T_A^{\,4}$$

$\bar{\alpha}$ ist ein effektiver Absorptionsgrad, welcher angibt, welcher Anteil des Sonnenlichtes im Mittel absorbiert wird, und $\bar{\varepsilon}$ ist der effektive Emissionsgrad des gleichen Absorbers für eine Strahlertemperatur T_A. Das Verhältnis $\bar{\alpha} / \bar{\varepsilon}$ wird auch häufig als Selektivität eines Absorbers bezeichnet.

Bei $\bar{\varepsilon}$ handelt es sich um keine reine Materialkonstante, sondern um eine häufig stark von der Temperatur T_A abhängige Kenngröße. Ein Absorber mit Sprungfunktionseigenschaft ist ein sogenannter idealer Absorber und wird daher häufig für theoretische Abschätzungen benutzt.

Den maximalen Wirkungsgrad für die Umwandlung von Sonnenenergie in mechanische Energie erhält man aus folgender Rechnung:

Parameter sind: C die Konzentration des Sonnenlichtes

$\qquad\qquad\qquad$ T_A die Temperatur des Absorbers

$\qquad\qquad\qquad$ λ_C die Sprungwellenlänge des idealen Absorbers

η_{therm} ist der prozentuale Anteil der Sonnenenergie, der vom Absorber thermisch genutzt werden kann:

$$(4.37) \quad \eta_{\text{therm}} = (\Omega\ C \int_0^{\lambda_C} u(\lambda,T_S)d\lambda - \int_0^{\lambda_C} u(\lambda,T_A)d\lambda)\ /\ \Omega\ C \int_0^{\infty} u(\lambda,T_S)d\lambda$$

Berücksichtigt man weiterhin den Carnot-Wirkungsgrad bei der Umgebungstemperatur T_U, so ergibt sich der Gesamtexergiewirkungsgrad (siehe Kap. 1) zu:

$$(4.38) \qquad \eta = \eta_{\text{therm}} \cdot \xi$$

Abbildung 4.12 zeigt den Verlauf dieses Wirkungsgrades für unkonzentriertes Licht (C = 1) in Abhängigkeit von der Sprungwellenlänge. Parameter ist die Absorbertemperatur. Man erkennt ein breites Maximum für Absorbertemperaturen im Bereich zwischen 600 und 1000 K, das theoretische Exergiewirkungsgrade im Bereich um 50 % erlaubt.
Bei rein thermischer Nutzung der Sonnenenergie können die Energiewirkungsgrade entsprechend dem Faktor ξ höher liegen (Kap. 8).
Prinzipiell läßt sich der Exergiewirkungsgrad durch Aufspaltung des Sonnenspektrums und getrennte Umwandlung der verschiedenen Bereiche weiter erhöhen /14/15/16/. Die Anwendungsmöglichkeiten dieses Prinzips liegen jedoch vor allem im Bereich der Photovoltaik.

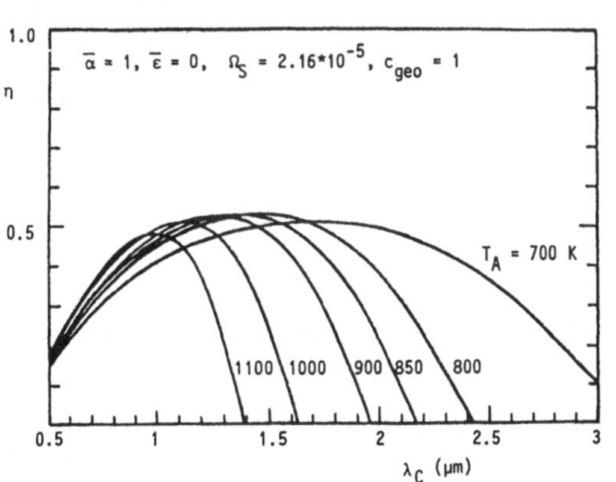

Abb. 4.12: Umwandlungswirkungsgrad von Sonnenlicht in Arbeit im unkonzentrierten Sonnenlicht in Abhängigkeit von λ_C für verschiedene Absorbertemperaturen T_A

5. Konzentration und Selektivität

Die in Kapitel 4 abgeleiteten Grenzen für den Umwandlungswirkungsgrad von Sonnenenergie in Wärme und mechanische Energie zeigen,
daß zum einen die Konzentration des Lichtes und zum anderen das
spektrale Verhalten des Absorbers die entscheidenden Kenngrößen
eines solaren Wandlersystems darstellen. Im nachfolgenden Kapitel
sollen die theoretischen und experimentellen Grenzen für die Konzentration von Licht sowie die verschiedenen Herstellungsverfahren
selektiver Schichten vorgestellt werden.

5.1 Geometrische Konzentration von Licht

Die Grundlage für jede Art von Konzentration in der geometrischen
Optik bildet das sogenannte Liouville'sche Theorem, welches besagt, daß das Produkt aus Photonenflußdichte und Divergenz des
Strahlungsflusses immer konstant bleibt. Mathematisch läßt sich
dies durch folgende Formel darstellen:

$$(5.1) \qquad n_1{}^2 \; a_1 \; \sin^2\Theta_1 = n_2{}^2 \; a_2 \; \sin^2\Theta_2$$

Hierin sind n_1, n_2 die Brechungsindizes in Medium 1 und 2, a_1
und a_2 die Durchtrittsflächen für den Photonenfluß und Θ_1 und
Θ_2 die Öffnungswinkel, in denen Strahlung auftritt. Die geometrische Konzentration wird definiert durch das Verhältnis:

$$(5.2) \qquad\qquad C = a_1 \; / \; a_2$$

Damit zeigen sich die zwei pinzipiellen Möglichkeiten der
geometrischen Konzentration:

Änderung des Brechungsindex

Änderung der Strahldivergenz

Im Bereich der thermischen Nutzung spielt die Variation des
Brechungsindex' keine große Rolle, da sich der Absorber meist in
einer gasförmigen Umgebung befindet und somit die Variationsbreite
für Brechungsindexänderungen sehr klein ist. Im Bereich der Photovoltaik gibt es erste Ansätze /17/18/. Die höchsten erreichbaren
Konzentrationen liegen im Bereich von:

(5.3) $\qquad C = n_2^2 / n_1^2 < 12$

Die Grenzen der Konzentration durch Änderung der Strahldivergenz sind maßgeblich durch die Eigenschaften des Lichtes bestimmt, das konzentriert werden soll. Zwei verschiedene Fälle sollen hier untersucht werden:
Zum einen ist es das direkte Sonnenlicht, zum anderen die mittlere Sonneneinstrahlung über ein Jahr.
Der erste Fall läßt sich einfach berechnen. Gemäß Abb. 2.1 ist der Raumwinkelfaktor, unter dem die Sonne von der Erde gesehen wird:

(5.4) $\qquad \Omega = r_s^2 / R^2 = 2,16 \cdot 10^{-5}$

Für $n_1 = n_2 = 1$ ergibt sich als maximale Konzentration:

(5.5) $\qquad a_1 / a_2 = (\sin 90°)^2 / (\sin 0,27°)^2 \approx 45000$

Führt man die Konzentration des Sonnenlichtes in einem Medium mit einem Brechungsindex $n_1 > 1$ durch, lassen sich auch höhere Photonendichten im Medium erreichen. Die höchsten gemessenen Konzentrationen in einem Öl lagen bei 84000 /69/.

Neben diesen 2-dimensionalen Konzentratorsystemen, die extrem genau der Sonne nachgeführt werden müssen, gibt es auch eindimensionale Konzentratoren - wie sogenannte parabolische Tröge oder lineare Linsensysteme. Die theoretische Konzentrationsgrenze liegt entsprechend bei:

(5.6) $\qquad C = \sqrt{45000} \approx 212$

In der Praxis werden Systeme mit Konzentrationen von 20 - 50 benutzt.
Eine weitere Variante der Lichtkonzentration stellen die Solarturmkraftwerke dar, bei denen das Licht über eine große Anzahl nachgeführter Spiegel auf einen Absorber konzentriert wird.
Alle diese Konzentratorsysteme haben den Nachteil, daß sie nur das direkte Sonnenlicht verarbeiten und daher auf ideale Wetterbedingungen angewiesen sind. Der Bau erster Prototypen in Europa hat

vor allem aufgrund der zu schlechten Einstrahlungsbedingungen keine befriedigenden Ergebnisse gebracht /19/. Ein Vergleich konzentrierender Systeme zu nicht nachgeführten Systemen wird in Kap. 5.4 gegeben.

Sehr viel interessanter ist der Versuch, die mittlere Jahreseinstrahlung durch fest installierte Systeme zu konzentrieren. Systeme dieser Art bezeichnet man in der englischen Literatur als "compound parabolic concentrator CPC".

Sie nutzen die Tatsache aus, daß ein großer Teil der Einstrahlung aus einem begrenzten Raumwinkelbereich eintrifft. Durch Einschränkung des Öffnungswinkels des Konzentrators auf diesen Bereich gelingt nach Gleichung 5.1 die Konzentration:

$$(5.7) \qquad a_1 / a_2 = (\sin \pi/2)^2 / (\sin\Theta_c)^2$$

Abbildung 5.1 zeigt einen Querschnitt durch ein solches System.

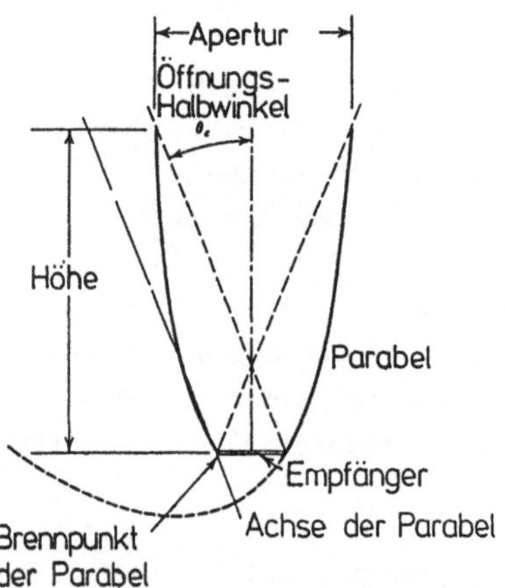

Abb.: 5.1 Querschnitt durch ein CPC - System

Systeme dieser Art wurden in letzter Zeit mehrfach in Flachkollektoren eingesetzt /20/. Typische Konzentrationen liegen im Bereich 1,5 - 4.

Die Höhe der Konzentration muß anhand der Langzeitstrahlungsdaten für jeden Aufstellungsort optimiert werden. Bei hohem Diffusanteil muß die Konzentration entsprechend niedrig gewählt werden, um durch die Einschränkung des Raumwinkels nicht zuviel Energie zu verlieren. Für die Verwendung in der Photovoltaik läßt sich das CPC-System durch den Einsatz eines hochbrechenden transparenten Mediums weiter verbessern, da hierdurch der beobachtbare Raumwinkel wieder vergrößert werden kann. Abbildung 5.2 zeigt eine Zusammenfassung der wichtigsten konzentrierenden Systeme /21/.

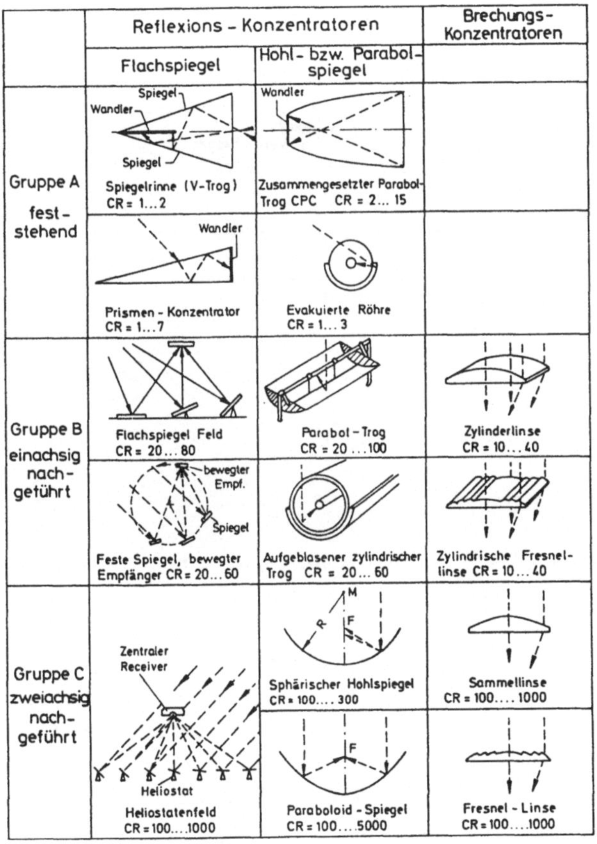

	Reflexions – Konzentratoren		Brechungs-Konzentratoren
	Flachspiegel	Hohl- bzw. Parabolspiegel	
Gruppe A fest-stehend	Spiegelrinne (V-Trog) CR = 1...2	Zusammengesetzter Parabol-Trog CPC CR = 2...15	
	Prismen-Konzentrator CR = 1...7	Evakuierte Röhre CR = 1...3	
Gruppe B einachsig nach-geführt	Flachspiegel Feld CR = 20...80	Parabol-Trog CR = 20...100	Zylinderlinse CR = 10...40
	Feste Spiegel, bewegter Empfänger CR = 20...60	Aufgeblasener zylindrischer Trog CR = 20...60	Zylindrische Fresnellinse CR = 10...40
Gruppe C zweiachsig nach-geführt	Heliostatenfeld CR = 100...1000	Sphärischer Hohlspiegel CR = 100...300	Sammellinse CR = 100...1000
		Paraboloid-Spiegel CR = 100...5000	Fresnel-Linse CR = 100...1000

Abb. 5.2: Zusammenstellung konzentrierender Systeme

5.2   <u>Konzentration von Licht durch Frequenzverschiebung</u>

Neben den geometrischen Konzentrationsverfahren gibt es ein völlig
anderes physikalisches Prinzip zur Konzentration von Licht, welches nicht den Begrenzungen durch das Theorem von Liouville unter-
liegt. Grundlage des Prinzips bildet der Absorptions-Emissionspro-
zeß von fluoreszierenden Farbstoffmolekülen in einem transparenten
Medium mit Brechungsindex n > 1. Das Prinzip ist in Abb. 5.3 dargestellt:

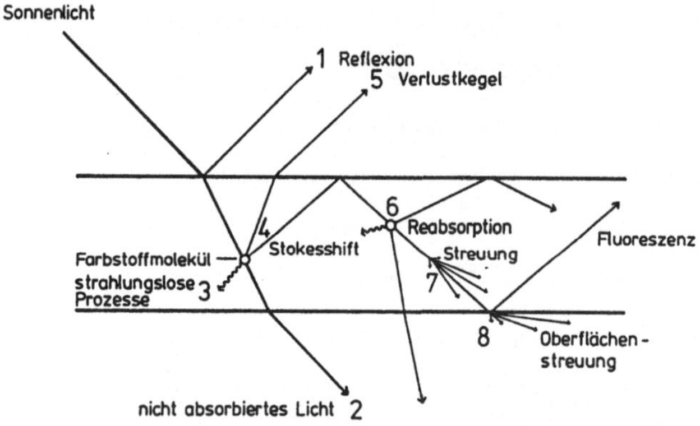

Abb. 5.3: Prinzip und Verlustmechanismus eines Fluoreszenz-
          kollektors

Aus der Umgebung einfallendes direktes und diffuses Sonnenlicht
wird von einem Farbstoff absorbiert und etwas langwellig verschoben (Stokesshift) wieder emittiert. Diese Emission erfolgt in erster Näherung isotrop. Aufgrund von Totalreflexion (Lichtleiter-
effekt) wird der größte Teil dieses Lichtes in der Platte geführt.
Der Anteil des geführten Lichtes liegt bei:

$$(5.8) \qquad\qquad I = \sqrt{1 - 1 / n_1^2}$$

Bei genügender geometrischer Ausdehnung der Kollektorplatte läßt
sich auf diese Weise eine beliebig hohe Konzentration erreichen.

Thermodynamisch verhält sich dieser sogenannte Fluoreszenzkollektor wie eine optische Wärmemaschine. Aus der Umgebung einfallendes Licht der Energie $\hbar\omega_1$ wird absorbiert. Gleichzeitig wird ein Photon der Energie $\hbar\omega_2$ emittiert.Der Differenzbetrag wird als Wärme an die Umgebung abgegeben. Aufgrund des ersten Hauptsatzes ergibt sich:

$$(5.9) \qquad \hbar\omega_1 = \hbar\omega_2 + \hbar\omega_3$$

Die Erhaltung des zweiten Hauptsatzes führt zu:

$$(5.10) \qquad \hbar\omega_1 / T_1 < \hbar\omega_2 / T_2 + \hbar\omega_3 / T_3$$

Hierin ist T_1 die effektive Temperatur des einfallenden Sonnenlichtes für die Energie $\hbar\omega_1$, T_2 die effektive Temperatur des Fluoreszenzlichtes der Energie $\hbar\omega_2$ und T_3 die Umgebungstemperatur. Aus Formel 5.10 läßt sich die maximale Temperatur T_2 berechnen, die wiederum die Anzahl der Photonen mit der Energie $\hbar\omega_2$ bestimmt.

$$(5.11) \qquad T_2 = \hbar\omega_2 / (\hbar\omega_1 / T_1 - \hbar\omega_3 / T_3)$$

Daraus ergibt sich, daß T_2 für eine bestimmte Stokesverschiebung $\hbar\omega_3$ unendlich werden kann, das heißt beliebig hohe Photonenkonzentrationen vorliegen können.

$$(5.12) \qquad \hbar\omega_3 = \hbar\omega_1 T_3 / T_1$$

Experimentell ergeben sich Schwierigkeiten durch die nicht idealen Eigenschaften der Farbstoffe, sowie durch Absorptionen im transparenten Lichtleitungsmaterial. Die bisher erreichten höchsten spektralen Konzentrationen für einen $1 \cdot 2\,\text{m}^2$ großen Kollektor mit der Dicke von 3 mm liegen im Bereich von 100.

Die Hauptprobleme beim Einsatz des Fluoreszenzkollektors in der Praxis liegen im relativ niedrigen Energiewirkungsgrad des Systems, die vor allem durch den niedrigen Absorptionsgrad der Farbstoffe bedingt sind. Detaillierte Untersuchungen über den Fluoreszenzkollektor finden sich in /22/23/24/25/. Das Problem der thermodynamischen Grenzen wird in /26/27/ ausführlich behandelt.

5.3   Selektive Schichten

In Kapitel 4 wurde die allgemeine Definition für die Selektivität
einer Oberfläche gegeben. Hauptkenngröße einer selektiven Schicht
ist das wellenlängenabhängige Verhalten von Reflexion und Absorption und somit auch der Emission. Zusätzlich von entscheidender
Bedeutung ist die Temperatur der Schicht, da die Gesamtemission
sich durch Faltung des wellenlängenabhängigen Absorptionsgrades
mit dem normierten schwarzen Strahler dieser Temperatur ergibt.
Für den Bereich der thermischen Nutzung von Sonnenenergie bis
T=200°C ergibt sich, daß weniger als 1% der Energie im Wellenlängenbereich $\lambda < 3\mu m$ abgestrahlt wird. Andererseits wird aufgrund
der hohen Sonnentemperatur (T = 5760 K) mehr als 97% der Energie
im Wellenlängenbereich $\lambda < 3\mu m$ eingestrahlt.
Abb. 5.4 zeigt die über die Wellenlänge integrierte Intensität des
Sonnenspektrums auf der Erdoberfläche.
Bedingt durch die relativ starke Absorption von Wasserdampf und
Kohlendioxid in der Atmosphäre im nahen Infrarotbereich liegen 90%
der Sonnenstrahlung im Bereich $\lambda < 1500nm$.

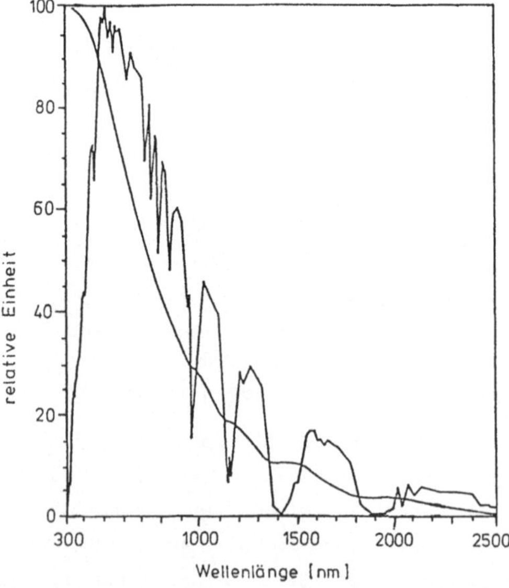

Abb. 5.4: Spektrale Verteilung der Globalstrahlung (schönes
        Sommerwetter), Aufsummierung des Spektrums

Das bedeutet in der Praxis, daß selektive Absorber nicht exaktes sprungfunktionsartiges Verhalten haben müssen, sondern daß auch Absorber mit stetigem Übergang zu guten Meßergebnissen führen können. Abb. 5.5 zeigt die Reflexion eines idealen und eines realen Absorbers.

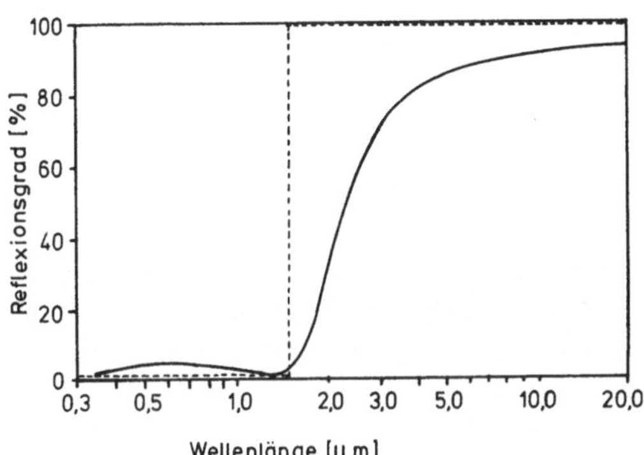

Abb. 5.5: Reflexion einer realen und idealen selektiven Schicht

In der Praxis handelt es sich bei den meisten selektiven Absorbern um Schichtsysteme, bei denen das gewünschte Absorptions- bzw. Reflexionsverhalten durch die Kombination verschiedener Materialien erreicht wird. In einigen Systemen werden auch strukturelle Effekte verwendet, die die unterschiedliche Wellenlänge von Sonnenlicht und Wärmestrahlung ausnutzen.
Im folgenden werden die bekanntesten Systeme kurz behandelt:

- Reflektoren mit kurzwellig absorbierender Deckschicht:
  Als Reflektoren werden meist Metallschichten eingesetzt (Nickel, Chrom, Kupfer, Silber). Bekannteste Absorberschichten sind Halbleitermaterialien wie CuO_x oder PbS oder aber Metalloxid-Metall-Abscheidungen wie Chromschwarz (Cr_2O_3, Cr), Nickelschwarz (NiO, Ni) und (Al_2O_3, Ni). Die letzten Schichten lassen sich galvanisch herstellen und werden heute bereits in großem Umfang kommerziell produziert /28/.

- Schwarze Schichten mit IR-reflektierender Deckschicht:
  Als Absorberschicht können hier beliebige, meist rußhaltige Far-

ben eingesetzt werden. Die Schwierigkeit bei diesen Systemen liegt in der Herstellung hochtransparenter Schichten für das Sonnenlicht, die andererseits das IR-Licht stark reflektieren und somit einen geringen Emissionsgrad besitzen. Prinzipiell gibt es zwei Materialklassen, die diese Eigenschaften teilweise besitzen: halbleitende Metalloxide wie Zinnoxid oder Zinn-indiumoxid oder aber dünne Metallfilme mit Antireflexbeschich-tung wie z. B. SnO - Ag - SnO oder SiO - Al - SiO . Beide Systeme besitzen heute noch den Nachteil, daß entweder die Reflexion bereits im nahen infraroten Spektralbereich einsetzt und somit der Solartransmissionsgrad nicht sehr hoch liegt (typisch: 70 %), oder aber der Reflexionsgrad im Bereich der Wärmestrahlung nicht ausreichend gut ist (80 - 90 %).
Im Bereich des Fensterbaues, wo es vor allem um die Transmis-sion von sichtbarem Licht geht, werden Ag - Systeme in großem Umfang eingesetzt.

- Strukturierte Oberflächen:
Bekanntestes Beispiel einer solchen Oberfläche sind Wolframden-trite, deren geometrische Dimensionen im Bereich von einigen Mikrometern liegen. Das kurzwellige Sonnenlicht wird durch Mehrfachreflexion zu einem hohen Prozentsatz absorbiert, während die Oberfläche für die langwellige Wärmestrahlung eben erscheint und damit nur einen geringen Emissionsgrad besitzt.

- Einfluß der Schichtdicke:
Ganz allgemein läßt sich sagen, daß in den meisten beschriebe-nen Fällen die Dicke der unterschiedlichen Schichten eine ent-scheidende Rolle für die Eigenschaften des Gesamtsystems spielt. Dies liegt zum einen in der Ausnutzung von Interferenz-effekten zur Optimierung von Reflexion und Absorption; zum anderen in den nicht idealen Eigenschaften der verwendeten Materialien. So verlieren zum Beispiel die im kurzwelligen Spektralbereich als Absorber eingesetzten Halbleitermaterialien wie CuO oder PbS mit zunehmender Schichtdicke aufgrund ihrer eigenen Gitterschwingungen ihre Infrarottransparenz.

Die Berücksichtigung dieser realen Materialeigenschaften führt zu einer optimalen Schichtdicke für ein System und seinen Anwendungsfall (Absorptionsgrad, Emissionsgrad, Arbeitstemperatur). Tabelle 5.3 zeigt eine Zusammenfassung realer Absorberdaten.

Tabelle 5.3: Selektive Absorberschichten (typische Werte)

Material	Absorptionsgrad $\bar{\alpha}$	Emissionsgrad $\bar{\varepsilon}$	bei Temperatur $^\circ$C
Chromschwarz	0,95 - 0,90	0,10 - 0,07	80
Nickelschwarz	0,95 - 0,90	0,10 - 0,07	80
Al_2O_3 (Ni)	0,92 - 0,90	0,15 - 0,07	80
Edelstahl (sel.)	0,90 - 0,80	0,17 - 0,12	100
Amorph.Kohlenstoff	0,90 - 0,70	0,04 - 0,02	100

Vor allem im höheren Temperaturbereich (T > 60°C) spielt die Temperaturabhängigkeit des Emissionsgrades eine zunehmend wichtigere Rolle, da die Abstrahlungsverluste des Absorbers damit noch schneller als mit T^4 ansteigen. Abb. 5.6 zeigt die Zunahme des Emissionsgrades einer Chromschwarzschicht.

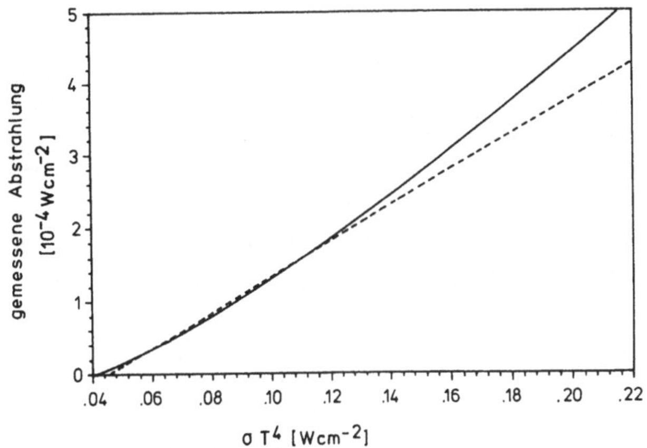

Abb. 5.6: Zunahme der Emission mit steigender Temperatur
----- schwarzer Strahler ——— Chromschwarz

In der Praxis wird dieser Effekt durch die Tatsache verstärkt, daß Absorber im Normalfall gegen die Umwelt durch Glas oder Kunststoffolien geschützt sind, die beide im Prinzip auch temperatur-

abhängige selektive Eigenschaften besitzen. Abb. 5.7 zeigt die Zunahme des Transmissionsgrades einer Polyesterfolie für zunehmende
Schwarzstrahlertemperatur.

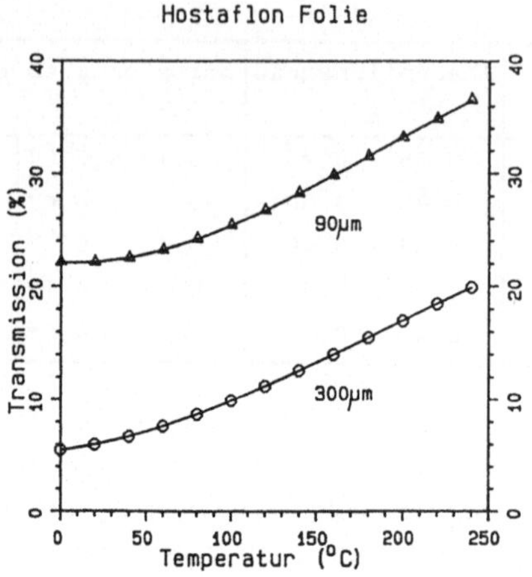

Abb. 5.7: Zunahme der IR-Transmission zweier unterschiedlich
          dicker Hostaflonfolien für zunehmende Strahler-
          temperatur

Alle diese Effekte erschweren den Einsatz von Sonnenenergie zur
Erzeugung höherer Temperaturen (Kapitel 8).
Ein weiteres Problem bei der Nutzung von selektiven Schichten ist
die Langzeitstabilität. Hier wurden jedoch in letzter Zeit bei
vielen Systemen große Fortschritte erzielt, sodaß dies keinen Hin-
derungsgrund mehr für den Einsatz in Sonnenkollektoren darstellt.

5.4   Einsatz von Konzentratoren und Selektivität
         in realen Systemen

Wie in den vorausgegangenen Abschnitten gezeigt wurde, können hohe
Absorbertemperaturen prinzipiell auf zwei verschiedene Arten erzeugt werden: zum einen durch Konzentration von Sonnenlicht,
zum anderen durch den Einsatz von selektiven Absorberschichten.

Die Kombination von Konzentration und Selektivität im gleichen System ist nur in bestimmten Fällen sinnvoll bzw. notwendig, nämlich

nur dann, wenn extrem hohe Temperaturen bei relativ kleinen Konzentrationsfaktoren erzielt werden sollen ($T > 300^{\circ}C$, $C < 20$). Bei höheren Konzentrationsfaktoren spielen die Strahlungsverluste eine immer geringere Rolle, sodaß eine selektive Beschichtung nicht mehr notwendig ist.

Die Erzeugung hoher Temperaturen mittels eines großen $\bar{\alpha}/\bar{\varepsilon}$-Verhältnisses ist im Prinzip ebenfalls möglich, jedoch ist dies meist nur durch Reduzierung von $\bar{\alpha}$ und damit des Anteils der nutzbaren Sonnenenergie erreichbar. Für die häufigsten Anwendungen der Solarenergie ist jedoch nicht die maximal erreichbare Temperatur entscheidend, sondern die Höhe des nutzbaren Energiebetrages, und deshalb müssen neben dem Umwandlungswirkungsgrad auch die Einstrahlungsbedingungen mit berücksichtigt werden. Details über die thermische Nutzung von Sonnenenergie werden in Kapitel 8 behandelt. Im nachfolgenden soll der Einfluß von direkter und diffuser Einstrahlung auf fest montierte, nachgeführte und konzentrierende Systeme aufgezeigt werden. Bei fest montierten Systemen wird zwischen horizontal liegenden und aufgestellten Systemen (mit Aufstellwinkel β = Breitengrad) unterschieden.

In den nachfolgenden Abbildungen ist jeweils das Verhältnis der Gesamteinstrahlung eines Jahres für unterschiedliche Systeme in Abhängigkeit von dem Breitengrad und dem Anteil des diffusen Lichts aufgetragen. Detailliertere Rechnungen finden sich in /30/.

Abb. 5.8 zeigt die Verhältnisse der einfallenden Jahresenergie für zweiachsig nachgeführte Systeme zu horizontal orientierten Systemen sowie die Verhältnisse unter dem Breitengrad aufgeständerter Systeme zu ebenen Systemen (Globalstrahlung). Die Ergebnisse gelten für großflächige Kollektorsysteme. Die Abschattung ist gemäß Gleichung 2.11 berücksichtigt. Die Bandbreite ist durch die Variation des Diffusanteils gegeben (20-50%).

Darin zeigt sich, daß Nachführung prinzipiell mit zunehmender Breite aus energetischer Sicht sinnvoll ist. Die Hauptursache liegt in der besseren Nutzung der Sommersonne. Hoher Anteil von diffusem Licht vermindert allgemein die Winkelabhängigkeit (Breitengrad). Unter unseren Randbedingungen (50° Breite, 50% diffus) ergibt sich, daß die nutzbare Gesamtjahresenergie praktisch unabhängig vom Aufstellwinkel ist.

Abb. 5.9 zeigt die Verhältnisse zwischen Nachführung und Aufständerung bzw. nachgeführter Konzentration und Aufständerung. Hier

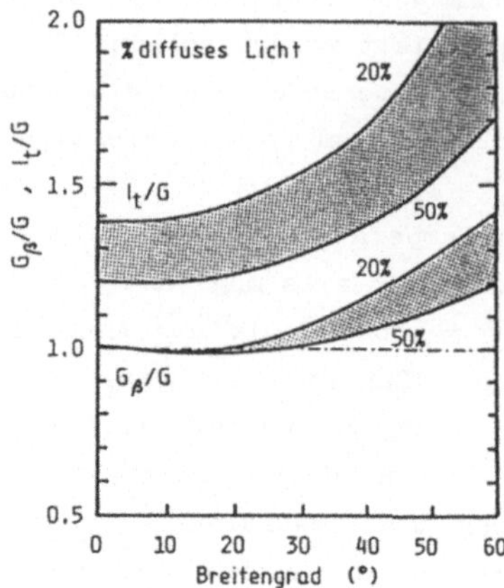

Abb. 5.8: Verhältnis der einfallenden Jahresenergie für zweiachsig nachgeführte Systeme I_t zu horizontal liegenden Systemen G sowie Verhältnis aufgeständerter Systeme G_β zu horizontalen Systemen G in Abhängigkeit vom Breitengrad

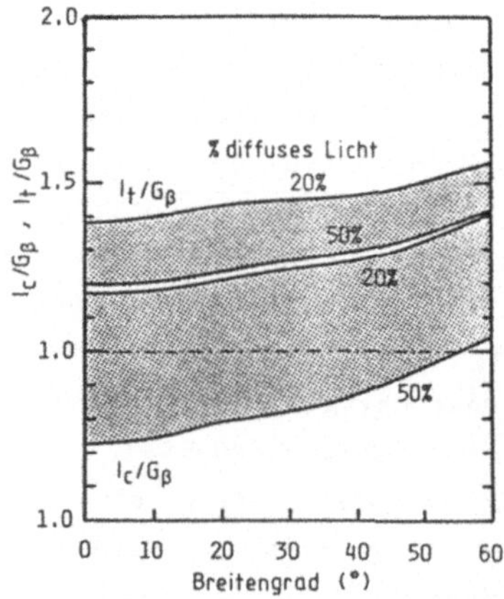

Abb. 5.9: Verhältnis der einfallenden Jahresenergie für zweiachsig nachgeführte Systeme I_t zu aufgeständerten Systemen G_β sowie Verhältnis zweiachsig nachgeführter konzentrierender Systeme I_c zu aufgeständerten Systemen G_β in Abhängigkeit vom Breitengrad

zeigt sich ein prinzipieller Vorteil von nachgeführten Systemen. Wirtschaftliche Gesichtspunkte sind nicht berücksichtigt. Andererseits ergibt sich, daß konzentrierende Systeme nur bei extrem niedrigem Diffusanteil sinnvoll sind und damit für Mitteleuropa praktisch ausfallen. Eine Ausnahme bilden hier CPC-Systeme, die unter bestimmten Randbedingungen sinnvoll eingesetzt werden können.

Bei der Auslegung von Systemen sind neben diesen Gesamtjahresenergieabschätzungen vor allem auch die Arbeitstemperatur und der Einsatzzeitpunkt (z.B. Brauchwasser im Sommer oder Ganzjahresbetrieb) zu berücksichtigen, da der Wirkungsgrad der Systeme entscheidend davon abhängt (siehe Kap. 8).

Entsprechend ist auch die Höhe der Selektivität (typische Werte $\bar{\alpha} / \bar{\varepsilon} = 10$) und Konzentration festzulegen (c = 2, CPC-Typ).

6. Wärmeübertragung

Bei der thermischen Nutzung der Sonnenenergie spielen Wärmeübertragungsmechanismen in vielerlei Hinsicht eine entscheidende Rolle. Zum einen möchte man die von der Sonnenstrahlung erzeugte Wärme, z.B.in einem Sonnenkollektor, möglichst schnell zum Nutzer bringen, zum anderen möchte man die erzeugte Wärme auf möglichst hohem Niveau halten. Im einen Fall ist hohe Wärmeleitfähigkeit erwünscht, im anderen Fall ist geringe Wärmeleitfähigkeit erforderlich.Prinzipiell läßt sich Wärme auf unterschiedliche Art und Weise transportieren. Die wichtigsten Mechanismen sind in Tabelle 6.1 zusammengefaßt:

Tabelle 6.1 Wärmeleitmechanismen

	Medium
stationäre (stoffliche) Wärmeleitung	fest, flüssig, gasförmig
konvektive Wärmeleitung	flüssig, gasförmig
Strahlungstransport	fest, gasförmig (Vakuum)

In praktischen Systemen liegt häufig eine Kombination verschiedener Wärmeleitmechanismen vor. Zunächst sollen jedoch die Grundlagen der einzelnen Mechanismen behandelt werden.

6.1 Stationäre Wärmeleitung

Man betrachtet ein Volumenelement V in einem Medium mit der Länge l und der Querschnittsfläche F (Abbildung 6.1). Auf der einen Seite befinde sich ein Wärmebad mit der Temperatur T_1 , auf der anderen Seite ein Wärmebad mit der Temperatur T_2. Solange T_2 größer ist als T_1, fließt ein Wärmestrom $\dot{Q}$ durch das Volumenelement. Die Wärmeflußdichte ergibt sich zu:

$$(6.1) \qquad q = \dot{Q} \, / \, F \; = \; \lambda \, \Delta T \, / \, l$$

oder differentiell zu:

$$(6.2) \qquad q = \dot{Q} \, / \, F \; = \; \lambda \; dT \, / \, dx$$

λ ist darin eine Materialkonstante, die sogenannte Wärmeleitfähigkeit, die die Dimension $W\ m^{-1}\ K^{-1}$ besitzt.

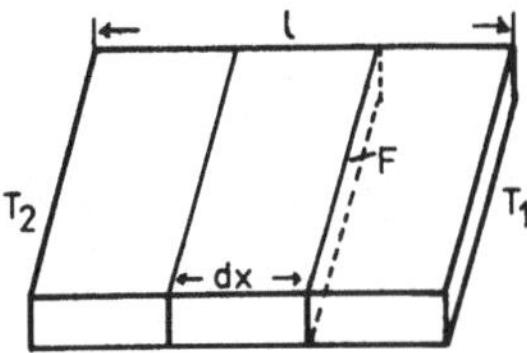

Abb. 6.1: Wärmeleitung in homogenen Medien

Sie gibt an, welcher Wärmestrom durch ein Material bei gegebener Temperaturdifferenz fließt.
In Tabelle 6.2 ist eine Zusammenfassung typischer Wärmeleitfähigkeiten gegeben. Man erkennt, daß Variationen über einen Bereich von etwa 4 Größenordnungen möglich sind. Diese Werte gelten für die jeweils homogenen Materialien.
In Systemen lassen sich sowohl höhere (Wärmerohr) wie auch geringere Wärmeleitfähigkeiten (Superisolation) erreichen /6/.

Tabelle 6.2: Wärmeleitfähigkeit verschiedener Stoffe

Stoff	(W/mK)
Cu	385
Al	211
Stahl	47,6
Eis (-1° C)	2,26
Wasser (20° C)	0,596
Glas	1,05
Eternit	0,319
Fichtenholz	0,138
Mineralwolle	0,034
Polystyrolschaum	0,034
Luft (ruhend, 20° C)	0,026

Neben der Wärmeleitfähigkeit gibt es noch eine Reihe anderer Begriffsdefinitionen, die in der praktischen Anwendung häufig Verwendung finden:

Wärmedurchlaßkoeffizient:

$$(6.3) \qquad \Lambda = \lambda / 1 \quad (W / m^2 K) = q / \Delta T$$

Wärmedurchlaßwiderstand (Wärmedämmwert):

$$(6.4) \qquad 1 / \Lambda = 1 / \lambda \quad (m^2 K / W)$$

Wichtigste Kenngröße im Bereich der passiven und aktiven Systeme zur Solarenergienutzung ist der Wärmedurchgangskoeffizient oder k-Wert. Er berücksichtigt neben dem Wärmedurchlaßkoeffizienten z.B. des Mauerwerks auch den Wärmeübergang von der Mauer auf die Raum- und Umgebungsluft. Somit ist der reale k-Wert keine wirkliche Konstante, sondern stark von den Umgebungsbedingungen abhängig. In der Praxis definiert man deshalb Standardbedingungen, die in etwa den Grenzfällender Realität entsprechen.

$$(6.5) \qquad 1 / k = 1 / \Lambda + 1 / \alpha_i + 1 / \alpha_a$$

mit dem Übergangskoeffizienten zum Innenraum $\alpha_i = 8 \ W/m^2 K$ und mit dem Übergangskoeffizienten zur Außenluft $\alpha_a = 23 \ W/m^2 K$.

6.2 Konvektive Wärmeleitung

Konvektive Wärmeleitung tritt in allen flüssigen oder gasförmigen Systemen auf, in denen die Temperaturverteilung der Grenzflächen zu keiner stabilen Schichtung des Systems führt. Auslösende Kraft der Konvektion ist der thermische Ausdehnungskoeffizient der meisten Flüssigkeiten und Gase. Dieser Effekt führt in fast allen Fällen zur Ausdehnung der Medien bei Temperaturerhöhung, damit zu einer Verringerung des spezifischen Gewichtes und so zu einer auftreibenden Kraft.
Das Prinzip der Konvektion wird am einfachsten am Fall planparalleler Platten dargestellt (Abb.6.2).

Als Medium zwischen den Platten sei zunächst Luft angenommen. Für den Wärmetransport zwischen den beiden Oberflächen läßt sich der gleiche Ansatz machen wie für die reine Wärmeleitung, wenn man eine zusätzliche Konstante hinzufügt:

$$(6.6) \qquad q = Q\,/\,F = \text{const } \lambda\,\Delta T\,/\,1$$

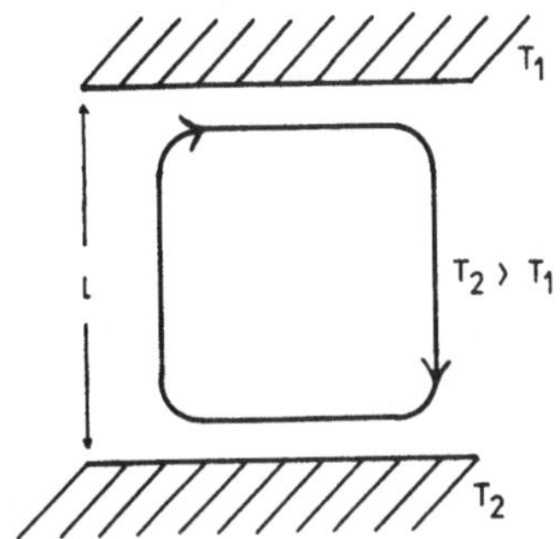

Abb. 6.2: Konvektion zwischen ebenen Platten ($T_2 > T_1$)

In der Literatur wird diese dimensionslose Konstante als Nusseltzahl Nu bezeichnet. Für parallele Platten gibt die Nusseltzahl das Verhältnis zwischen konvektiver und stationärer Wärmeleitung an. Die Größe der Nusseltzahl hängt von einer Reihe von Randbedingungen ab. Die wichtigsten sind in Tabelle 6.3 zusammengefaßt:

Tabelle 6.3: Kenngrößen für die Nusseltzahl

<u>Medium</u>
   kinematische Viskosität ν
   Diffusionskoeffizient $\alpha = \lambda\,/\,\rho\;c_p$
   Wärmekapazität (konst.Druck) c_p
   thermischer Ausdehnungskoeffizient β'
   thermische Leitfähigkeit λ
<u>Schwerkraftkonstante</u> g
<u>Geometrie</u>
   Abstand der Platten 1
   Neigung der Platten β
   Zwischenstrukturen
<u>Temperaturdifferenz</u> ΔT

Eine recht gute Näherung der Nusseltzahl für planparellele Platten ergibt sich durch folgende Formel /31/:

$$(6.7) \quad Nu = 1+144 \left[1- \frac{1708}{Ra\ cos\beta}\right]^+ \left[\frac{(\sin1,8\beta)^{1,6}\cdot1708}{Ra\ cos\beta}\right] + \left[\left(\frac{Ra\ cos\beta}{5830}\right)^{1/3} -1\right]^+$$

Das + an den eckigen Klammern bedeutet, daß nur Beiträge größer Null berücksichtigt werden. Ra ist die sogenannte Raleighzahl und folgendermaßen definiert:

$$(6.8) \quad Ra = g\cdot\beta'\cdot\Delta T\ l^3\ /\ \nu\cdot\alpha$$

Abb. 6.3 zeigt die Abhängigkeit der Nusseltzahl von der Raleighzahl:

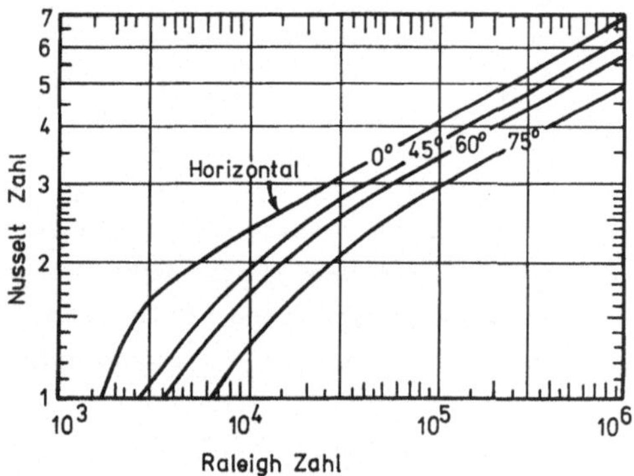

Abb. 6.3: Abhängigkeit der Nusseltzahl von der Raleighzahl /31/

Man erkennt daraus, daß es einen kritischen Wert der Raleighzahl gibt, bei dem Konvektion einsetzt und damit die Nusseltzahl über 1 anwächst. Typische Werte der Nusseltzahl bei Fenstern oder herkömmlichen Sonnenkollektoren liegen im Bereich von 2 - 5.
In zahlreichen theoretischen und experimentellen Arbeiten wurde versucht, die Nusseltzahl und damit die konvektive Wärmeleitung durch Einbringung von Strukturen in den Zwischenraum zu minimieren. Bekannt sind diese Strukturen unter dem Begriff "Honeycombstructures" /8/. Bei der Optimierung dieser Strukturen müssen jedoch

auch die Festkörperwärmeleitung im Material sowie der Strahlungstransport berücksichtigt werden (siehe Kapitel 7).

Neben der Raleigh- und Nusseltzahl gibt es im Bereich der Strömungsmechanik eine Anzahl weiterer Kennzahlen, die zur Charakterisierung bestimmter Zustände wie turbulente oder laminare Strömung geeignet sind (Reynoldszahl, Prandtlzahl, Grashofzahl, Pecletzahl). Es sei hier jedoch nicht näher darauf eingegangen, da sie zum Verständnis der Wirkungsweise passiver und aktiver Systeme nicht benötigt werden. Im Prinzip laufen alle Näherungsrechnungen auf die Bestimmung der Nusseltzahl hinaus. Sie gibt die Vergrößerung des Wärmeflusses im Vergleich zur reinen Wärmeleitung an. Ausführliche Literatur findet sich in /6/8/23/.

Für Luft ist die reine Wärmeleitfähigkeit:

$$\lambda_{Luft}=(0,024112+7,9165\cdot10^{-5}\ (T(^{o}C)-3,230\cdot10^{-8}\cdot T(^{o}C)^2)\ Wm^{-1}K^{-1}$$

Es kann dann die konvektive Wärmestromdichte für Luft mit Gl. (6.7) oder Gl. (6.8) und den Werten aus Abbildung 6.3 bestimmt werden mit

$$q_{kon} = Nu\cdot\lambda_{Luft}/l$$

6.3 Strahlungstransport

Ursache des Strahlungstransports ist das Bestreben der Natur, Körper ungleicher Temperatur auf gleiches Temperaturniveau zu bringen. Im Vakuum verläuft dieser Prozeß rein durch den Austausch von Strahlung und auch bei Vorhandensein eines Mediums wie zum Beispiel Luft spielt der Strahlungstransport oft die entscheidende Rolle.

Zur Erläuterung des Prinzips sei auch hier wieder angenommen, daß es sich bei den Körpern um planparallele Platten unendlicher Ausdehnung handele, die die Temperatur T_1 und T_2 besitzen. Der Einfachheit halber sei angenommen, daß beide Platten undurchsichtig sind und ein konstantes Emissionsvermögen von ε_1 bzw. ε_2 besitzen. Aufgrund des Kirchhoffschen (4.14) und des Stefan-Boltzmannschen (4.24) Gesetzes ergibt sich folgende Strahlungsbilanz zwischen den Platten (Abb. 6.4):

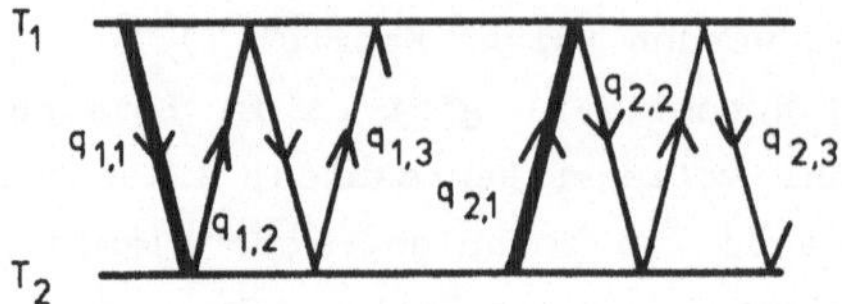

Abb. 6.4: Strahlungstransport zwischen ebenen Platten

Platte 1 strahlt pro Flächeneinheit die Leistung

$$(6.9) \qquad q_1 = \varepsilon_1 \cdot \sigma \cdot T_1^4$$

ab. Von dieser Strahlung wird ein Teil an der Platte 2 reflektiert und wiederum ein Teil davon von Platte 1 absorbiert usw. Das Ganze läßt sich als geometrische Reihe entwickeln:

$$(6.10) \qquad q_{1,1} = \varepsilon_1 \ \sigma \ T_1^4$$

$$q_{1,2} = -\varepsilon_1^2 \ (1 - \varepsilon_2) \ \sigma \ T_1^4$$

$$q_{1,3} = -\varepsilon_1^2 \ (1 - \varepsilon_1) \ (1 - \varepsilon_2)^2 \ \sigma \ T_1^4$$

$$q_{1,4} = -\ldots\ldots$$

$$q_{1,n} = -\varepsilon_1^2 \ (1 - \varepsilon_1)^{n-2} \ (1 - \varepsilon_2)^{n-1} \ \sigma \ T_1^4$$

Die Summierung über alle n ergibt:

$$(6.11) \qquad q_1 = \sum_{n=0}^{\infty} q_{1,n} = \sigma \ T_1^4 \ [\varepsilon_1 - \varepsilon_1^2(1-\varepsilon_2) \sum_{n=0}^{\infty} (1+(1-\varepsilon_1)^n \ (1-\varepsilon_2)^n)]$$

$$= \sigma \ T_1^4 (\varepsilon_1 - \varepsilon_1^2(1-\varepsilon_2)) \ / \ (\varepsilon_1 + \varepsilon_2 - \varepsilon_1\varepsilon_2)$$

$$= \sigma \ T_1^4 \ / \ (1/\varepsilon_1 + 1/\varepsilon_2 - 1)$$

Das Gleiche läßt sich für den Strahlungsfluß q_2 durchführen. Aus der Differenz ergibt sich die Größe des Strahlungsaustausches zwischen den Platten:

$$(6.12) \qquad q = q_2 - q_1$$

$$q = \sigma \, (T_2{}^4 - T_1{}^4) \, / \, (1/\varepsilon_1 + 1/\varepsilon_2 - 1)$$

Für schwarze Platten ($\varepsilon_2 = \varepsilon_1 = 1$) ergibt sich die bekannte Gleichung:

$$(6.13) \qquad q = \sigma \, (T_2{}^4 - T_1{}^4)$$

Bei anderen Geometrien ergeben sich zum Teil etwas kompliziertere Abhängigkeiten für den Strahlungstransport, da die Größe und Lage der Körper zueinander berücksichtigt werden muß.
Für zwei beliebig geformte Flächen F_1, F_2 gilt für den Wärmefluß von F_2 nach F_1 :

$$(6.14) \quad q = \sigma(T_2{}^4 - T_1{}^4)/((1 - \varepsilon_1)\varepsilon_1 F_1 + 1/F_1 F'_{12} + (1-\varepsilon_2)\,\varepsilon_2\, F_2)$$

F'_{12} ist der sogenannte Gesichtsfeldfaktor oder Raumwinkelanteil, unter dem F_1 von F_2 zu sehen ist.
Eine Zusammenstellung von Gesichtsfeldfaktoren findet sich in /33/.
Es ist wichtig zu erwähnen, daß für beliebig geformte Flächen der Strahlungstransport richtungsabhängig ist, d. h., daß im allgemeinen gilt:

$$(6.15) \qquad q_{1 \rightarrow 2} \neq -q_{2 \rightarrow 1}$$

In der Praxis möchte man gerne der Einfachheit halber Wärmeströme linear gegenüber der Temperaturdifferenz auftragen. Für nicht zu große Temperaturunterschiede läßt sich dies auch für den Strahlungstransport durchführen:

$$(6.16) \qquad q = \sigma \, f(\varepsilon_1, F_1) \, (T_2{}^4 - T_1{}^4)$$

$$(6.17) \qquad q = k_S \, (T_2 - T_1)$$

mit dem Strahlungstransportkoeffizienten

$$(6.18) \qquad k_S = \sigma \ f(\varepsilon_1, F_1) \ (T_2^2 + T_1^2) \ (T_2 + T_1)$$

Bis zu diesem Punkt ist die Ableitung noch exakt. Für in der Praxis (z. B. Wohnbereich) übliche Temperaturen und Temperaturdifferenzen

$$- 30^{\circ}C \leq T \geq 60^{\circ}C$$
$$\Delta T \leq 60^{\circ}C$$

läßt sich der Temperaturterm in k_S zu einer effektiven Temperatur T_M zusammenfassen , die in guter Näherung der Mitteltemperatur von T_2 und T_1 entspricht:

$$(6.19) \qquad (T_2^2 + T_1^2) \cdot (T_2 + T_1) \approx 4 \ T_M^3$$

$$\text{mit } T_M = 0{,}5 \cdot (T_1 + T_2)$$

Für schwarze planparallele Platten ergibt sich als einfachster Fall:

$$(6.20) \qquad q = \sigma \cdot (T_2^4 - T_1^4) = k_S \cdot \Delta T$$

$$\text{mit } k_S = 4 \ \sigma \cdot T_M^3$$

Diese starke Temperaturabhängigkeit des Strahlungstransportkoeffizienten spielt in der Praxis eine große Rolle und wird in Kapitel 7 noch ausführlich behandelt.

7. Transparente Wärmedämmung

In fast allen Fällen der Nutzung der Sonnenenergie für thermische Energiegewinnung benötigt man eine transparente Isolation, die zum einen das Sonnenlicht - direktes und diffuses - auf den Absorber auftreffen läßt und zum anderen aber den Absorber thermisch von der Umgebung isoliert, um somit möglichst hohe Energiegewinne zu erzielen. Kenngrößen der transparenten Isolation sind somit der Transmissionsgrad und der Wärmedurchlaßkoeffizient.

Die Kenngröße Transmissionsgrad wird bestimmt von den Einstrahlungsbedingungen:
    direkter Anteil, diffuser Anteil, Polarisation, spektrale
    Verteilung;
von den Materialeigenschaften:
    Reflexionsgrad (Brechungsindex), Absorptionsgrad,
    Transmissionsgrad;
von der Struktur des Materials:
    planparallele Platten, senkrechte Strukturen (z.B. Honeycombs),
    grobporiger Schaum, homogene feinporige Strukturen.

Die Kenngröße Wärmedurchlaßkoeffizient wird bestimmt von den Wärmetransportmechanismen im Material:
    Wärmeleitung im Material,
    Wärmeleitung in der Luft, einschließlich Konvektion,
    Strahlungstransport.

Beide Kenngrößen können in weiten Bereichen variiert werden. Als prinzipielle Tendenz ergibt sich, daß steigende Transmission häufig mit abnehmender thermischer Isolationswirkung verknüpft ist. Von daher gesehen muß ein Material für den jeweiligen Anwendungsfall optimiert werden. In der Praxis kommt dem Gesichtspunkt Wirtschaftlichkeit noch eine große Bedeutung bei der Auswahl der Systeme zu.
In diesem Kapitel werden zunächst die grundlegenden Eigenschaften transparenter Isolationsmaterialien diskutiert. Anwendungsbeispiele werden in Kapitel 8 und 9 gezeigt.

7.1   <u>Transmissionsgrad von thermisch isolierenden Systemen</u>

7.1.1   <u>Waagrechte Strukturen</u>

Bekanntestes transparentes und isolierendes System ist die Abdeckung mit planparallelen Platten. Wichtigster Einsatzbereich dieses Systems ist das Fenster. Uns allen ist die Entwicklung vom Einfach-Fenster zum Verbundglasfenster, zum Isolierglas und Dreifach-Fenster bekannt. Hier gibt es auch in der Fachwelt sehr unterschiedliche Meinungen, die eng mit der Einschätzung der Bedeutung von Transmissionsgrad und Wärmedämmung der Fenster für den Energiehaushalt des Hauses zusammenhängen. Der Transmissionsgrad eines solchen Systems läßt sich aus den in Kapitel 4 erklärten Kenngrößen Reflexionsgrad und Absorptionsgrad ableiten.

Die Gesamttransmissions- und Reflexionsgrade für eine Platte lassen sich nutzen, um sukzessiv die Kenndaten für Mehrplattensysteme zu bestimmen. Dies ist systematisch in Abb. 7.1 dargestellt.

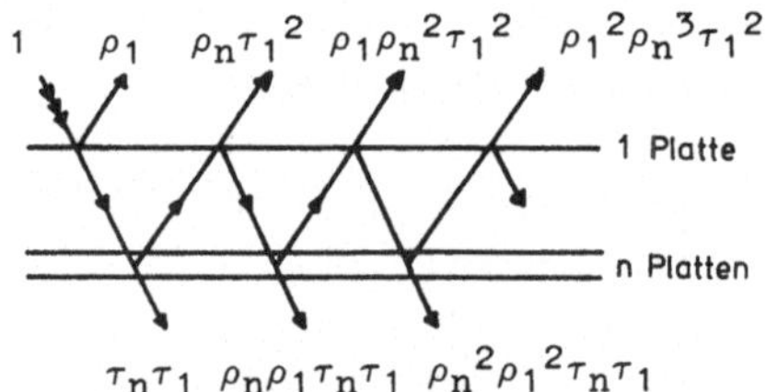

Abb. 7.1: Transmissionsgrad von Mehrplattensystemen

Die entsprechenden Formeln lauten:

$$(7.1) \qquad \tau_{1+n} = \tau_1 \tau_n \, (1 + \rho_1 \rho_n + \rho_1^2 \rho_n^2 + \ldots)$$

$$\tau_{1+n} = (\, \tau_1 \tau_n \,) \, / \, (\, 1 - \rho_1 \rho_n \,)$$

bzw.

$$(7.2) \qquad \rho_{1+n} = \rho_1 + \rho_n \tau_1^2 \, (\, 1 + \rho_1 \rho_n + \rho_1^2 \rho_n^2 \ldots)$$

$$\rho_{1+n} = \rho_1 + (\, \rho_n \tau_1^2 \,) \, / \, (\, 1 - \rho_1 \rho_n \,)$$

Abb. 7.2 zeigt das Verhalten von Absorptions-, Reflexions- und Transmissionsgrad in Abhängigkeit von der Anzahl der Platten für Kenndaten von eisenfreiem Glas (R = 0,04, T = 0,99).

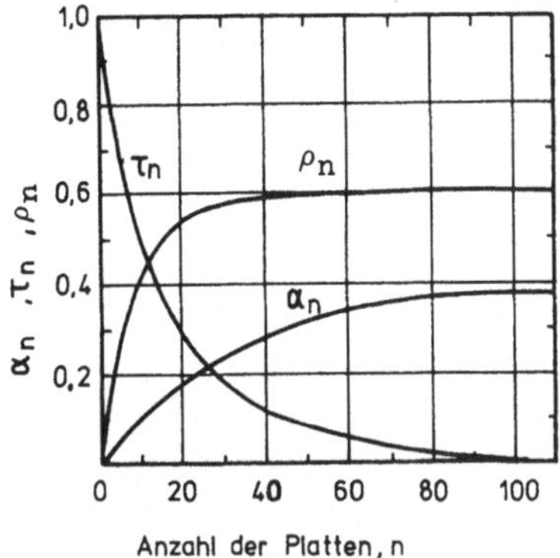

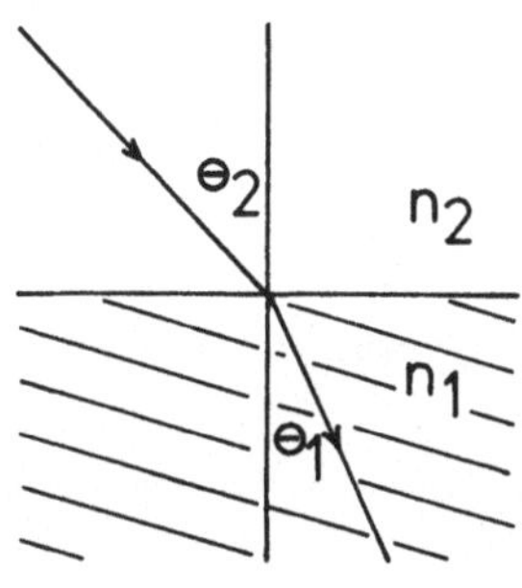

Abb. 7.2a: Absorptions-, Reflexions- und Transmissionsgrad in Abhängigkeit von.der Anzahl der Platten /34/

Abb. 7.2b: Brechung eines Lichtstrahls beim Übergang von einem Medium mit Brechungsindex n_2 in ein Medium mit Brechungsindex n_1

Man erkennt, daß für diese hochtransparenten Materialien die Reflexionsverluste den entscheidenden Anteil der Verluste bilden. Vermindern lassen sich diese Verluste durch den Einsatz von Materialien mit niedrigem Brechungsindex.
Für nichtabsorbierende Materialien (A = 0) lassen sich die Formeln (7.1) und (7.2) vereinfachen zu dem Geamttransmissionsgrad τ:

$$(7.3) \qquad \tau = (1 - R) / (1 + (2 n + 1) R)$$

bzw. dem Gesamtreflexionsgrad:

$$(7.4) \qquad \rho = 2 n R / (1 + (2 n - 1) R)$$

In der Praxis reicht es nicht aus, nur den senkrechten Lichteinfall zu berücksichtigen, da bei nicht nachgeführten Systemen ein großer Teil des Lichtes unter schrägem Winkel auftrifft. Daher muß zur genauen Charakterisierung des Transmissionsgrades auch die Winkelverteilung des einfallenden Lichtes bekannt sein.

Die Fresnelgleichungen geben die Abhängigkeit des Reflexionsgrades an einer Grenzschicht in Abhängigkeit vom Auftreffwinkel und der Polarisation des Lichts an:

$$(7.5) \qquad \rho = 0{,}5\ (\ \rho_{||} + \rho^{\perp}\ )$$

$$(7.6) \qquad \rho = \frac{1}{2} \cdot \left[\ \frac{\sin^2(\ \Theta_2 - \Theta_1)}{\sin^2(\ \Theta_2 + \Theta_1)} + \frac{tg^2(\ \Theta_2 - \Theta_1)}{tg^2(\ \Theta_2 + \Theta_1)}\ \right]$$

Θ_2 und n_2 sind mit Θ_1 und n_1 durch die Gleichung

$$(7.7) \qquad n_1 \sin \Theta_1 = n_2 \sin \Theta_2$$

verknüpft, wobei n_1 und n_2 die Brechungsindizes der beiden angrenzenden Medien sind.

Abb. 7.3 zeigt den Transmissionsgrad eines 8-Plattensystems ($R = 0{,}04$; $T = 1$) in Abhängigkeit von der Polarisationsrichtung, aufgetragen über $\sin^2\Theta_1$.
Zusätzlich eingetragen ist der Mittelwert für unpolarisiertes Licht. Dabei ist es wichtig, wirklich den Mittelwert der beiden Transmissionen zu nehmen und nicht den gemittelten Reflexionswert in die Gleichung (7.3) einzusetzen. Dies führt zu deutlich niedrigeren Transmissionswerten (siehe gestrichelte Kurve in Abb. 7.3).
Die markierten Punkte zeigen den Durchschnittswert für isotrope Einstrahlung. Man sieht, daß das Transmissionsvermögen doch relativ stark von den Einstrahlungsbedingungen abhängt und somit kein absoluter Transmissionsgrad angegeben werden kann. Experimentelle Daten für verschiedene Materialien unter verschiedenen Einstrahlbedingungen sind in Tabelle 7.1 zusammengefaßt. Bisher wurde angenommen, daß die Materialeigenschaften unabhängig von der Wellenlänge sind. Dies gilt für dünne Folien und eisenfreies Glas in sehr guter Näherung. Für Mehrfachverglasungen aus eisenhaltigem Glas läßt sich die Berechnung des Transmissionsgrades nicht mehr integral durchführen, sondern muß im Prinzip für jeden Wellenlängenbereich getrennt durchgeführt werden (siehe dazu Abb.4.2 und /6/).

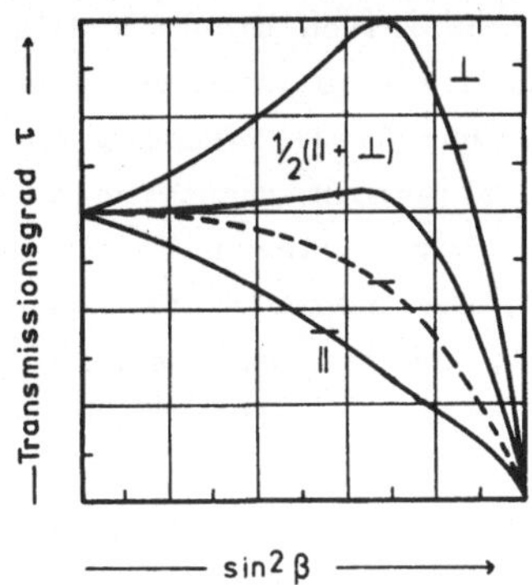

Abb. 7.3: Transmissionsgrad für ein 8 Plattensystem aus Glas

      || parallel polarisiertes Licht

      ⊥ senkrecht polarisiertes Licht

      1/2·(|| + ⊥) unpolarisiertes Licht

      $n_1 = 1,5$; $n_2 = 2$; $R = 0,04$; $T = 1$

7.1.2   Senkrechte Strukturen

Die starken Reflexionsverluste der planparallelen Strukturen mit zunehmender Anzahl der Platten lassen sich umgehen, wenn man die Strukturen um 90° dreht (Abb. 7.4).

Für nicht absorbierende und nicht streuende Materialien ist der Transmissionsgrad unabhängig von Einfallrichtung, Polarisationsgrad und der Dicke des Materials immer $T \approx 1$, wenn man annimmt, daß die Dicke der Platten gegenüber dem Abstand der Platten vernachlässigbar ist (l >> d).

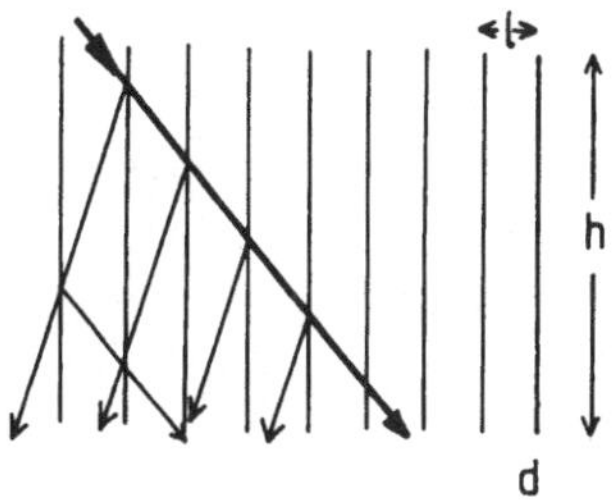

Abb. 7.4: Lichttransmission durch senkrechte Strukturen

Gute Wärmedämmeigenschaften lassen sich mit diesen Materialien je-
doch nur erreichen, wenn die Ausbildung von Konvektion unterdrückt
wird (siehe Kapitel 6.2 und 7.2). Typische h/l-Verhältnisse, für
die die Konvektion bei allgemein genutzten Temperaturdifferenzen
(T < 50°C) unterdrückt wird, liegen im Bereich von h/l ≈ 10
(Abb.7.4). Das bedeutet, daß schräg einfallendes Licht sehr viele
Platten durchlaufen muß, um die Gesamtstruktur zu durchdringen.
Damit sind die Anforderungen an die Transparenz des Materials
extrem hoch.
Abbildung 7.5 zeigt die gerechnete winkelabhängige Transmission
einer solchen Struktur in Abhängigkeit vom Absorptionskoeffizienten der Schicht. Die Streuung, wie sie in realen Materialien häu-
fig auftritt, ist hier nicht berücksichtigt.

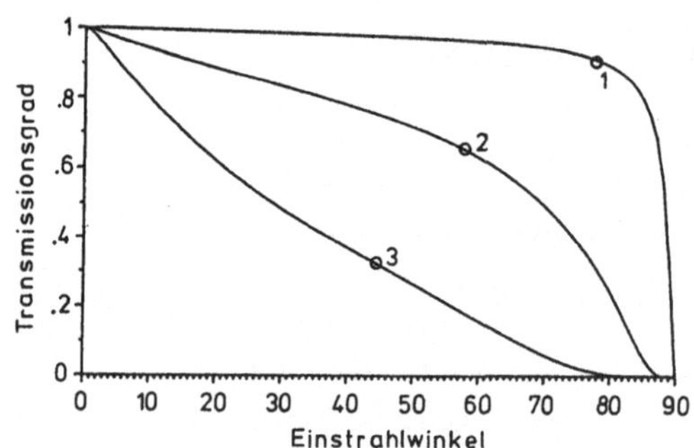

Abb. 7.5: Transmissionsgrad senkrechter Strukturen in
          Abhängigkeit vom Einfallswinkel und dem
          Absorptionskoeffizienten der Einzelschichten
          Aspektverhältnis der Struktur h/l = 10
          Absorptionskoeffizienten: 1   0,002 cm^{-1}
                                      2   0,025 cm^{-1}
                                      3   0,100 cm^{-1}

Zusätzlich als Punkte eingetragen sind die Transmissionsgrade für
isotrope Einstrahlung, die sich einem mittleren Einfallswinkel für
die direkte Einstrahlung zuordnen lassen. Wichtig ist, daß dieser

Einstrahlwinkel mit zunehmendem Absorptionskoeffizienten stark abnimmt und sich bei stark absorbierendem Material $0°$ nähert. Experimentelle Transmissionsgrade solcher Strukturen sind in Tabelle 7.1 aufgezeigt. Im Vergleich dazu sind auch die Daten für unterschiedliche Gläser und streuende Strukturen angegeben.

Tabelle 7.1: Transmissionsgrade experimenteller Strukturen und handelsüblicher Gläser

Material		Transmissionsgrad (%)	
		senkrecht	diffus
eisenfreies Glas	(2cm)	91,7	87,7
Fensterglas	(8cm)	74,4	68,0
Acrylschaum	(1,6cm)	72,1	62,3
Kapillarstruktur	(7cm)	75,0	67,6
Wabenstruktur	(10cm)	87,0	66,6
Aerogel	(1,6cm)	58,0	53,0

Die Unterschiede zwischen der direkten und diffusen Einstrahlung ergeben sich zum einen durch die erhöhten Reflexionsverluste und zum anderen durch die vergrößerte Absorption aufgrund der längeren Laufstrecke des Lichtes im Material (siehe Abb. 7.5).

7.1.3 Grobporige Strukturen

Grobporige Strukturen lassen sich in einfacher Weise durch die Kombination planparalleler und senkrechter Strukturen (Abb.7.6) annähern. Für hochtransparente Materialien ergeben sich die gleichen Winkelabhängigkeiten wie für planparallele Strukturen. Für absorbierende Strukturen lassen sich keine exakten analytischen Lösungen mehr angeben, sondern es sind numerische Lösungsverfahren notwendig.
Abb. 7.7 zeigt einen Vergleich des Näherungsverfahrens für die Dickenabhängigkeit des Transmissionsgrades einer grobporigen Struktur mit experimentellen Messungen an Acrylschaum. Das Material ist hochtransparent, die Porengröße liegt bei 3 - 5 mm.

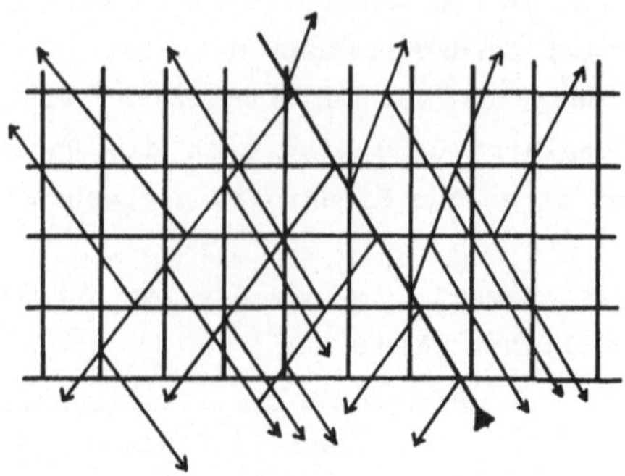

Abb. 7.6: Lichttransmission durch grobporige Strukturen

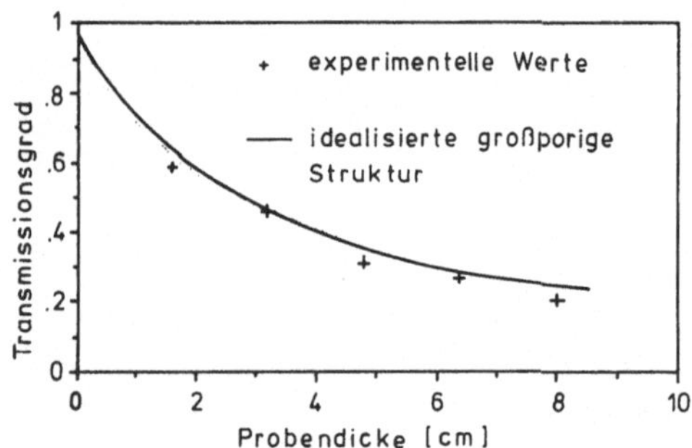

Abb. 7.7: Vergleich experimenteller und theoretischer
Transmissionsgrade von grobporigem Acrylschaum
in Abhängigkeit von der Dicke

7.1.4 Homogene feinporige Strukturen

Verkleinert man die Porengröße in einen Bereich, der deutlich
kleiner ist als die Lichtwellenlänge, so tritt an den Porenober-
flächen (oder Grenzflächen der Struktur) keine Reflexion mehr auf.
Das Material wirkt wieder wie ein homogenes Material und wird hoch
transparent. In der Praxis existieren solche Materialien in Form
von sogenannten Aerogelen, die in erster Näherung eine quasiho-
mogene Mischung aus 97 % Luft mit 3 % Glas darstellen /35/36/.

Elektronenrastermikroskopaufnahmen zeigen bei diesem Material runde Strukturen im Bereich von 100 - 1000 Å Durchmesser. Lichtstreuexperimente an diesem Material zeigen, daß sich die gefundene Streuung im kurzwelligen Spektralbereich durch Inhomogenitäten im Material erklären läßt /37/.

Abb. 7.8 zeigt eine typische Transmissionskurve für eine 2 cm dicke Probe. Die Unterschiede zwischen direkter und diffuser Transmission beruhen auf der Streuung im Material.

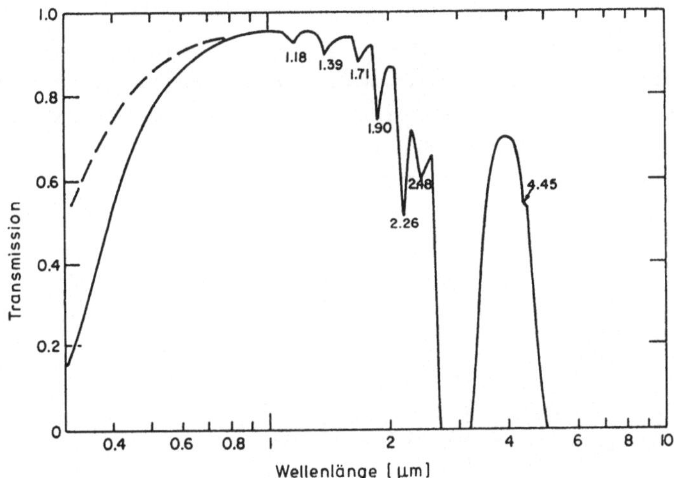

Abb. 7.8: ——— Direkte Transmission einer 2 cm dicken Aerogelprobe
--- Diffuse Transmission einer 2 cm dicken Aerogelprobe

7.2   Wärmedämmeigenschaft transparenter Strukturen

7.2.1   Parallele IR-opake Strukturen ($\tau_{IR} = 0$)

Bekanntestes Beispiel einer transparenten Struktur mit parallelen
Abdeckungen ist der doppelt verglaste Flachkollektor. Dieses Beispiel ist in /8/ in aller Ausführlichkeit berechnet und in fast
alle Bücher über Solarenergie übernommen. Das Prinzip der Berechnung sei wegen seiner grundlegenden Bedeutung auch hier kurz er-
wähnt.

Dadurch daß Glasplatten für Infrarotstrahlung undurchlässig sind,
läßt sich die Berechnung des Wärmeverlustkoeffizienten eines solchen Systems stark vereinfachen, da es sich insgesamt um entkoppelte Systeme handelt. Der Wärmefluß vom Absorber zur ersten Abdeckplatte ist gleich dem Wärmefluß zwischen erster und zweiter
Abdeckplatte, und der wiederum ist gleich dem zwischen Abdeckplatte und Umgebung. Entsprechend Kapitel 6 setzt sich dieser
Wärmefluß aus den beiden Komponenten , dem radioaktiven und dem
konvektiven Wärmefluß zusammen (Abb. 7.9).

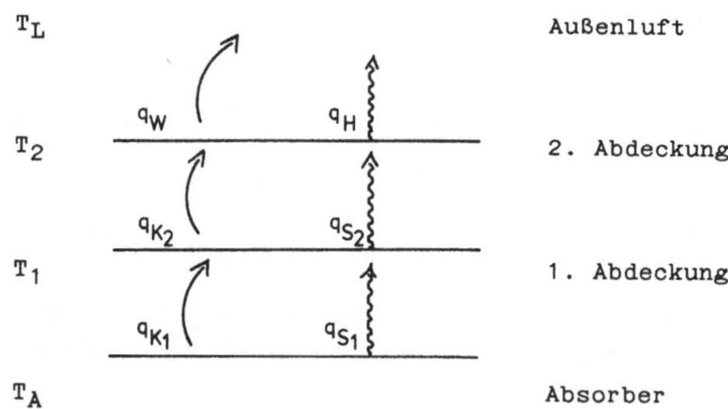

Abb. 7.9: Wärmeverlustschema eines doppeltverglasten Kollektors

        q_{k1} , q_{k2} , q_W Konvektionsverluste

        q_{S1} , q_{S2} , q_H Wärmestrahlungsverluste

Die einzelnen Wärmeflüsse sind durch die Nusseltzahlen in den
Zwischenräumen und die Emissionsgrade der Oberflächen bestimmt:

$$(7.8) \qquad q_{ki} = Nu_i \cdot \frac{\lambda_{luft}}{\Delta x_i} \Delta T_i$$

$$(7.9) \qquad q_{si} = k_{si} \cdot \Delta T_i = 4\sigma \cdot T_{Mi}^4 \cdot \Delta T_i \; / \; (\frac{1}{\varepsilon_i} + \frac{1}{\varepsilon_{i-1}} - 1)$$

$$(7.10) \qquad q_i = q_{si} + q_{ki}$$

Für die Konvektionsverluste an der Oberfläche ergibt sich eine Abhängigkeit von der Windgeschwindigkeit v /8/:

$$(7.11) \qquad q_W = (\; 2,8 + 3\; v\;)\; \Delta T$$

Für die Strahlungsverluste zum Himmel wird häufig folgende Näherungsformel benutzt /8/38/:

$$(7.12) \qquad q_H = \varepsilon_2 \cdot \sigma \cdot (T_2 - T_H)^4 \quad \text{mit} \quad T_H = T_L \cdot \left[\; 0,8 + \frac{T_{TP} - 250}{273} \;\right]^{1/4}$$
$$\text{mit } T_{TP} = \text{Taupunkt}$$

Damit ergibt sich ein Gleichungssystem mit insgesamt 6 Gleichungen und 2 unbekannten Temperaturen, welches sich numerisch iterativ lösen läßt:

$$(7.13) \qquad k \cdot \Delta T_{AL} = \Lambda_1 \cdot \Delta T_{A1} = \Lambda_2 \cdot \Delta T_{12} = \Lambda_3 \cdot \Delta T_{2L} = \frac{1}{1/\Lambda_1 + 1/\Lambda_2 + 1/\Lambda_3} \Delta T_{AL}$$

k ist der sogenannte Gesamtwärmeverlustkoeffizient für die Frontseite des Kollektors und somit die entscheidende Größe bei der Berechnung von Kollektorwirkungsgraden (siehe Kapitel 8).
In Abb. 7.10 sind die Wärmeflüsse für zwei aus der Literatur bekannte Fälle - Flachkollektor mit Doppelverglasung und schwarzem bzw. selektivem Absorber - aufgezeigt.
Man erkennt die drastische Reduzierung des Gesamtwärmeflusses durch den Einsatz des selektiven Absorbers sowie den unterschiedlichen Beitrag der verschiedenen Wärmetransportmechanismen in beiden Fällen.
Der Gesamtwärmeverlustkoeffizient eines Systems läßt sich hinsichtlich der Neigung des Systems, der Anzahl der Abdeckungen sowie des Abstands der Platten zueinander optimieren. Ausführliches Datenmaterial dazu findet sich in /8/.

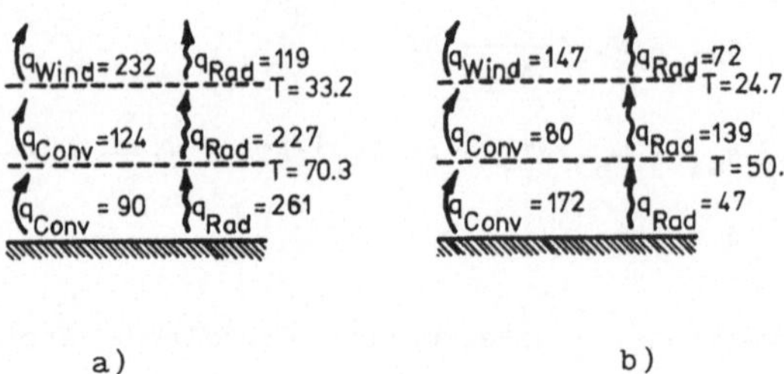

Abb. 7.10: Aufteilung der Wärmeverlustströme in W/m^2 für einen
doppeltverglasten Flachkollektor mit

a) schwarzem Absorber ε = 0,95 und

b) selektivem Absorber ε = 0,10

$T_{Absorber}$=100°C ; T_L = T_H = 10°C ; k_{Wind} = 10 W/m^{2}K

7.2.2   Parallele Strukturen mit IR-Transmission (τ_{IR} > 0)

Das bisher genutzte Verfahren zur Berechnung von Kollektorverlu-
sten ist nur dann gültig, wenn die Abdeckung im infraroten Spektralbereich opak ist, das heißt, keine Wechselwirkung zwischen
zwei nicht benachbarten Oberflächen möglich ist. Sehr viel kompli-
zierter wird der Fall, wenn die Abdeckung aus IR-semitransparenten
Folien besteht. Es sei hier zunächst nur der Strahlungstransport
berücksichtigt. Das System bestehe aus zwei schwarzen Grenzplatten
und einer Anzahl n gleichartiger Zwischenfolien (Abb.7.11).

Die Grenzplatten seien durch $\alpha + \rho$ = 1; $\alpha = \varepsilon$,

die Folien durch $\alpha_n + \rho_n + \varepsilon_n$ = 1; $\alpha_n = \varepsilon_n$

charakterisiert; spektrale Abhängigkeiten sollen nicht vorliegen
($\varepsilon(\lambda)$ = const).

Die Energiebilanz an jeder Folie ergibt sich aus der einfallenden
Strahlungsintensität, die sich aufteilt in den reflektierten,
transmittierten und absorbierten Anteil und der von der Folie
selbst emittierten Strahlungsintensität.

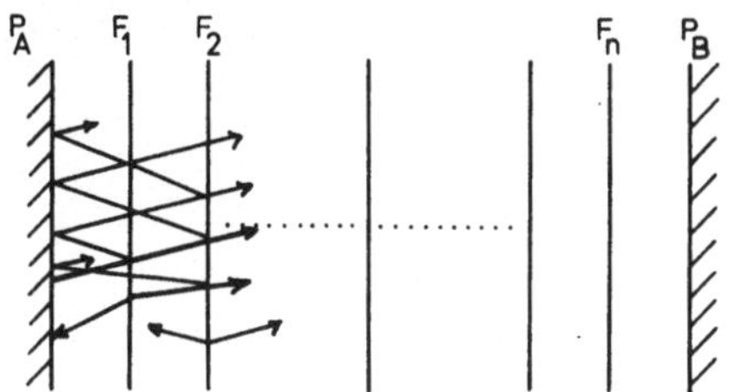

Abb. 7.11: Strahlungstransport in IR-transparenten Foliensystemen

Betrachtet man zunächst den Fall einer Folie n = 1, so ergibt sich für die Strahlungsflüsse q_A und q_F:

$$(7.14) \qquad q_A = \sigma \left(T_A^4 - T_F^4 \, \varepsilon_F - T_A^4 \, \rho_F - T_B^4 \, \tau_F \right)$$

$$(7.15) \qquad q_F = \sigma \left(T_F^4 \, 2 \, \varepsilon_F - T_A^4 \, \varepsilon_F - T_B^4 \, \varepsilon_F \right)$$

Im Gleichgewichtszustand emittiert der Film die gleiche Intensität, die er absorbiert. Daraus folgt:

$$(7.16) \qquad q_F = 0 \implies T_F^4 = 0,5 \left(T_A^4 + T_B^4 \right)$$

Setzt man T_F in Gleichung (7.14) ein, so ergibt sich für den Strahlungsfluß aus der Platte A heraus:

$$(7.17) \qquad q_A = \sigma \, s \left(T_A^4 - T_B^4 \right) \quad \text{mit} \quad s = \left(0,5 \, \varepsilon_F + \tau_F \right)$$

s ist der Faktor, um den der Strahlungsaustausch zwischen den Platten A und B durch eine Folie reduziert wird (0<s<1). Im weiteren Verlauf wird er auch als "Strahlungsdämpfung" benutzt. Im weiteren Sinne bedeutet s jedoch auch eine effektive Emission ε_{eff} der Folie und damit eine entscheidende charakteristische Größe bei der Berechnung von Strahlungsflüssen in beliebigen Systemen.
Das gleiche Verfahren läßt sich auf n-Foliensysteme übertragen und führt zu folgender Formel /39/:

$$(7.18) \qquad q_A = q_B = \sigma \, s_n \left(T_A^4 - T_B^4 \right) \quad \text{mit}$$

$$(7.19) \quad \frac{1}{s_n} = \frac{1}{\varepsilon_A} + \frac{1}{\varepsilon_B} \quad 1 + \sum_{i=1}^{n} \left(\frac{1}{\varepsilon_{eff,i}} - 1 \right) = \frac{1}{s_0} + \sum_{i=1}^{n} \left(\frac{1}{\varepsilon_{eff,i}} - 1 \right)$$

mit $\quad \varepsilon_{eff,i} = (\varepsilon_{L,i} \, \varepsilon_{R,i}) / (\varepsilon_{L,i} + \varepsilon_{R,i}) + \tau_i$

und $\quad \varepsilon_{L,i} + \tau_i + \rho_{L,i} = 1 \; , \; \varepsilon_{R,i} + \tau_i + \rho_{R,i} = 1$

L und R bedeuten hier linke oder rechte Oberfläche einer Folie. Damit lassen sich mit dieser Formel auch einseitig beschichtete Folien berechnen.

Für den Grenzfall $\varepsilon_i = 1$ führt Formel 7.19 zu:

$$(7.20) \quad s_n = 1 / (n + 1)$$

Dies ist die allgemein bekannte Formel für die Strahlungsdämpfung in Systemen mit schwarzen Oberflächen. Oft wird diese Näherung auch für eine Mehrscheibenverglasung benutzt. Dies ist jedoch keine sehr gute Näherung. Genauere Werte ergeben sich mit:

$$\varepsilon_{L,i} = \varepsilon_{R,i} = \varepsilon_A = \varepsilon_B = 0{,}85 \; , \quad \tau_i = 0$$

Einsetzen dieser Kenngrößen von Glas in Formel 7.19 ergibt:

$$(7.21) \quad s_{g,n} = 0{,}74 / (n + 1)$$

Man erkennt, daß die Berücksichtigung der hemisphärischen Reflexion zu einer höheren Strahlungsdämpfung führt.
Zur Berechnung des gesamten Wärmeflusses, also Strahlung gekoppelt mit Luftleitung, muß man ein größeres nichtlineares Gleichungssystem lösen. Dies sei hier jedoch nicht behandelt. Unter bestimmten Bedingungen sind jedoch die unterschiedlichen Wärmetransportmechanismen praktisch entkoppelt /40/41/.
Die erste Bedingung ist, daß die Emissionswerte der Grenzflächen $\varepsilon_{A,B} > 0{,}5$ sind; damit werden größere Sprünge in der Temperaturverteilung vermieden. Die zweite Bedingung ist, daß der Abstand zwischen den Folien so klein ist, daß keine Konvektion auftritt.
Die dritte Bedingung ist, daß bei T_{Mittel} etwa Raumtemperatur die Temperaturdifferenz $\Delta T < 40$ K ist.

Für diese eingrenzenden Randbedingungen ergibt sich der Gesamtwärmestrom zu:

$$(7.22) \qquad q_{ges} = q_{Strahlung} + q_{Luft}$$

$$= \sigma \cdot s_n \cdot (T_A^4 - T_B^4) + \lambda_L / x (T_A - T_B)$$

$$= (\Lambda_S + \Lambda_L) \cdot (T_A - T_B)$$

mit $\Lambda_S = \sigma \cdot s_n \cdot T_M^3$, $\Lambda_L = \lambda_L / x$ und x = Dicke des Systems

Für die Wärmeleitfähigkeit des Systems ergibt sich:

$$(7.23) \qquad \lambda_{ges} = \sigma \cdot s_n \cdot T_M^3 / x + \lambda_L$$

λ_{ges} ist damit keine eigentliche System- oder Materialkonstante
mehr, sondern ist entscheidend von der Dicke abhängig und wird in
der Literatur als äquivalente Wärmeleitfähigkeit bezeichnet.

7.2.3 Quasihomogene Strukturen

Die Randbedingung für die Behandlung beliebiger Strukturen als ho-
mogene Systeme liegt im Verhältnis zwischen der Dicke des Materials zur Größe der Strukturen. Immer dann, wenn dieses Verhältnis
groß genug ist, läßt sich eine Art Kontinuumstheorie entwickeln.
Dies sei zunächst am Beispiel des Strahlungstransportes in einem
System aus n identischen Folien dargestellt (Abb.7.12).
Gemäß Formel (7.19) ergibt sich die Strahlungsdämpfung s_n zu:

$$(7.24) \qquad 1/s_n = \underbrace{1/\varepsilon_A + 1/\varepsilon_B - 1}_{1/s_0} + n \cdot (1/\varepsilon_{eff} - 1)$$

Der zweite Term läßt sich in homogenen Systemen durch

$$(7.25) \qquad x/\xi = n (1/\varepsilon_{eff} - 1)$$

ersetzen. ξ gibt darin eine Aussage über die optische Dichte der
Struktur - z. B. Anzahl von Folien pro Dickenintervall - und be-

rücksichtigt gleichzeitig die IR-Eigenschaft der Folien (ε_{eff} = 0,5 ε + τ).

Wie später noch gezeigt wird, ist ξ eine charakteristische Materialgröße und legt die Größe des Strahlungstransportes in einem Wärmedämmaterial fest (Strahlungseindringtiefe).

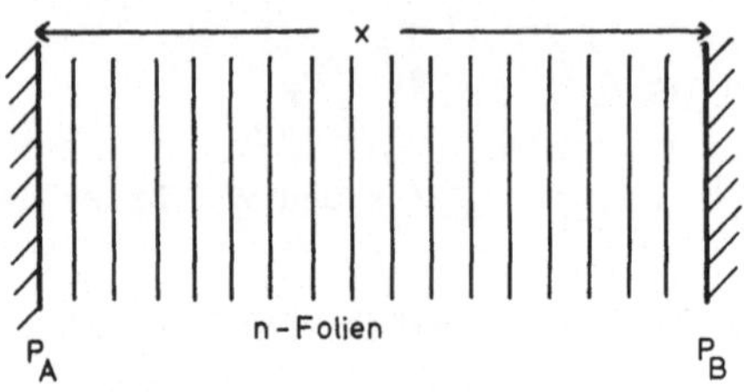

Abb. 7.12: Anwendung der Kontinuumstheorie für den Strahlungstransport in quasihomogenen Strukturen

Schließt man, ähnlich wie in Kap. 7.2.2, kleine ε -Werte für die begrenzenden Oberflächen P_A und P_B aus, so ergibt sich wiederum eine in erster Näherung lineare Temperaturverteilung innerhalb der Struktur. Der Gesamtwärmestrom ergibt sich dann durch Adition des Strahlungsanteils mit der Wärmeleitung in Luft λ_L in Abhängigkeit von der Dicke des Materials x zu:

$$(7.26) \qquad q = \frac{\sigma \cdot (T_A^4 - T_B^4)}{1/s_0 + x/\xi} + \frac{\lambda_L}{x} (T_A - T_B)$$

Entsprechend erhält man den Wärmedurchlaßkoeffizienten zu:

$$(7.27) \qquad \Lambda = \frac{4 \sigma T_M^3}{1/s_0 + x/\xi} + \frac{\lambda_L}{x}$$

und die äquivalente Wärmeleitfähigkeit zu:

$$(7.28) \qquad \lambda^* = \Lambda \cdot x = \frac{4 \sigma T_M^3}{1/x \cdot 1/s_0 + 1/\xi} + \lambda_L$$

die, wie bereits bekannt, von der Dicke des Materials abhängt. Für große Dicken strebt die äquivalente Wärmeleitfähigkeit einem Grenzwert zu:

$$(7.29) \qquad \lambda_\infty = 4 \; \sigma \cdot T_M^3 \; \xi \; + \; \lambda_L$$

Die Gültigkeit von Formel 7.28 läßt sich experimentell durch die Messung der Wärmeleitfähigkeit in Abhängigkeit von der Dicke und der Temperatur einfach überprüfen. Bei vernachlässigbarer Festkörperleitung ist die Größe ξ der einzige Parameter und läßt sich im Prinzip aus einer einzigen Messung bestimmen. Der Grenzfall von Formel (7.29) gilt für die handelsüblichen Schaumstoffe.

Abb. 7.13 bis 7.16 zeigen den Vergleich experimenteller Ergebnisse an Schaum- und Kapillarstrukturen mit Gleichung (7.28). Man erkennt, daß die Dickenabhängigkeit der äquivalenten Wärmeleitfähigkeit sehr gut durch diese Theorie beschrieben wird. Gleiches gilt für die Temperaturabhängigkeit (Abb.7.15 und 7.16).
Damit ist der Nachweis erbracht, daß im Prinzip beliebige Materialien mit dieser Kontinuumstheorie behandelt werden können, falls sie den anfangs gegebenen Randbedingungen genügen und im Infraroten hinreichend grau sind.

Tabelle 7.2 zeigt eine Zusammenstellung von ξ -Werten für verschiedene Materialien. Eine exakte Korrelation zwischen Struktur und ξ-Werten kann bisher nicht angegeben werden, jedoch zeigt sich die Tendenz, daß hohe Dichte der Materialien und starke IR-Absorption im Material zu kleinen ξ-Werten führt. Eine Grenze bezüglich der Dichte ist durch den zunehmenden Beitrag der Festkörperwärmeleitfähigkeit gegeben, die wiederum zu einer Zunahme der Gesamtwärmeleitfähigkeit führen kann.

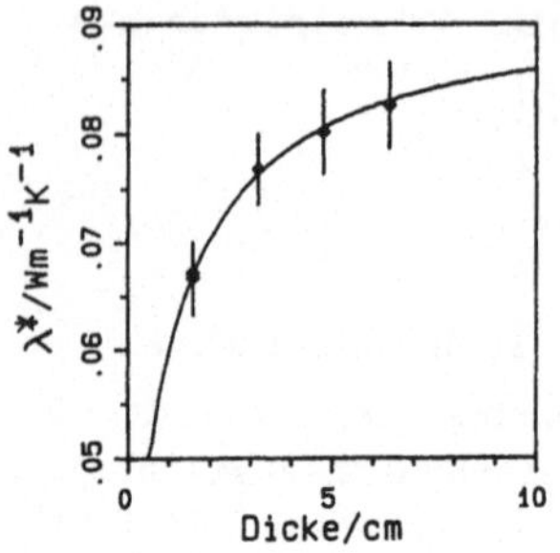

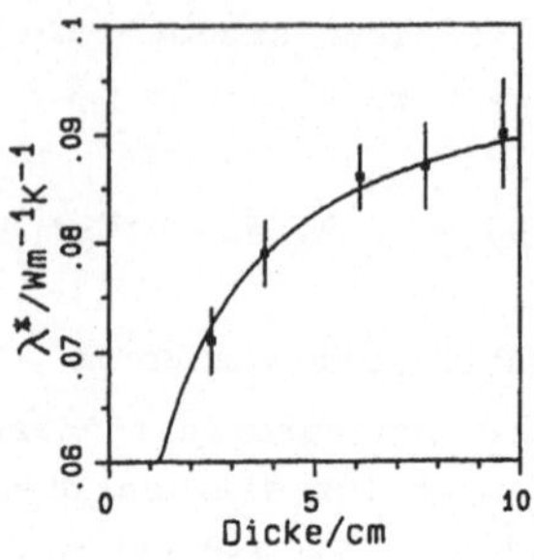

Abb.7.13:Abhängigkeit der Wärmeleitfähigkeit von der
Dicke der Schaumstruktur

Abb.7.14:Abhängigkeit der Wärmeleitfähigkeit von der
Dicke der Kapillar-
struktur

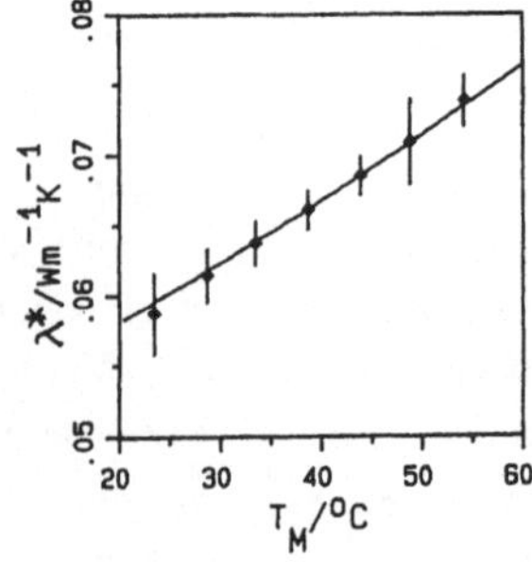

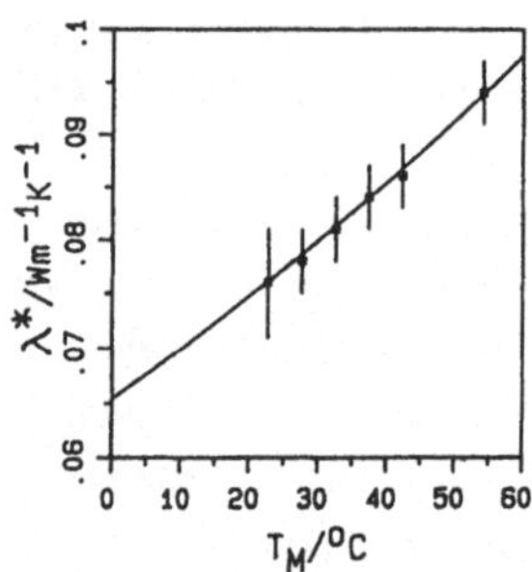

Abb.7.15:Abhängigkeit der Wärmeleitfähigkeit von der
Temperatur der Schaum-
struktur

Abb.7.16:Abhängigkeit der Wärmeleitfähigkeit von der
Temperatur der Kapillar-
struktur

Tabelle 7.2: Strahlungsdämpfung verschiedener Strukturen

	Materialkenngrößen			Strahlungseindringtiefe ξ (cm)
	Dicke (μm)	Dichte (g/dm^3)	Aspekt- verhältnis	
Acrylschaum	20-30	30-50	--	0.69 - 0,55
Kapillarstruktur	20	35-40	17	0,79 - 0,75
Folienstruktur 1	150	50	10	1,12
Folienstruktur 2	300	75	10	0,84
Aerogelkugeln	---	135	--	0,158

7.3 Gesamtenergiedurchlaßgrad transparenter Wärmedämmsysteme

7.3.1 Theoretische Überlegungen

Reale transparente Wärmedämmstoffe aborbieren einen gewissen Anteil der solaren Einstrahlung. Dieses absorbierte Licht führt zur
Erwärmung der Materialien. Ein Teil der Wärme kann in Kollektor-
oder Fenstersystemen genutzt werden und trägt somit positiv zur
Energiebilanz bei. Das bedeutet, daß der Strahlungstransmissionsgrad τ nicht die eigentliche Kenngröße für die Berechnung solarer
Gewinne darstellt, sondern der sogenannte "Gesamtenergiedurchlaßgrad" oder g-Wert, der sich durch die Summation des Transmissionsgrades τ mit dem sekundären Wärmeabgabegrad q_i ergibt:

$$(7.30) \qquad g = \tau + q_i$$

In der DIN 67507 ist die Berechnung des g-Wertes für einfache
Fenstersysteme unter Standardbedingungen vorgeschrieben. Dieses
Verfahren gilt jedoch nur für stark IR-absorbierende Systeme (z.B.
Gläser), bei denen das Gesamtsystem in thermisch entkoppelte Un-
tersysteme aufgeteilt werden kann.
Für komplexere Systeme und unter variablen Einsatzbedingungen ver-
wendet man häufig eine etwas geänderte Definition von g:

(7.31) $g\,(\phi,\alpha,\varepsilon_A,\varepsilon_B,T_A,T_B) = (\tau\cdot\alpha)\,(\phi) + q\,(\phi,\alpha,\varepsilon_A,\varepsilon_B,T_A,T_B,I)$

ϕ Einfallswinkel der Strahlung

α Absorptionsgrad im System

ε_A, ε_B Emissionsgrad der Oberflächen

T_A, T_B Temperatur der Oberflächen

I Einstrahlung

An den vielen Variablen erkennt man die starke Abhängigkeit der Größe **g** von den Randbedingungen. Während im einfachsten System, der einscheibigen Verglasung, rund die Hälfte des absorbierten Lichtes genutzt werden kann, wird beim Einsatz von mehrschichtigen Foliensystemen die Berechnung des g-Wertes sehr viel schwieriger. Die Strahlung wird in diesen Systemen ortsabhängig absorbiert, und die Wärmeflußwiderstände zu den beiden Rändern ändern sich von Folie zu Folie. Zum anderen können sich bei veränderten Randtemperaturen und unterschiedlichen Einstrahlungsstärken auch die Anteile der nach beiden Seiten fließenden Wärmeflüsse verandern, da nichtlineare Prozesse wie Strahlungstransport und Konvektion eine einfache Superposition nur näherungsweise erlauben. Eine allgemeine Schreibweise des sekundären Wärmeabgabegrades q_i für ein transparentes Material der Dicke D bei Einstrahlung I gibt die folgende Gleichung:

$$(7.32) \quad q_i\,(\phi) = \int_0^D \alpha\,(\phi,x)\,k_A(x)\,[k_A(x) + k_B(x)]^{-1}\,dx$$

$k_A(x)$ und $k_B(x)$ sind die lokalen Wärmedurchlaßkoeffizienten vom Ort x bis zu den Rändern A und B. Dabei muß berücksichtigt werden, daß diese Werte von der sich einstellenden Temperaturverteilung in Abhängigkeit von T_A, T_B, ε_A, ε_B und I bestimmt werden müssen. Die Temperaturverteilung aber hängt selbst wieder von $k_x(x)$ ab. Dies ist, exakt behandelt, ein nicht-lineares Problem erheblicher Komplexität. Im Rahmen mehrerer Doktor- und Diplomarbeiten wurden in den letzten Jahren Rechenverfahren zur g-Wert Berechnung beinahe beliebiger Strukturen entwickelt /41a/41b/41c/.

Abbildung 7.17 zeigt den berechneten g-Wert für eine transparentgedämmte Kollektorabdeckung im Vergleich zum Strahlungstransmissionsgrad in Abhängigkeit vom Einfallswinkel. In Abbildung 7.18 ist die Temperaturverteilung in der Kollektorabdeckung für unterschiedlich einfallendes direktes Licht aufgetragen. Die Absorbertemperatur selbst wurde dabei konstant auf 60°C gehalten. Aufgrund der erhöhten Absorption bei schrägeinfallendem Licht kann es zu einer deutlichen Änderung des Temperaturprofils in der Abdeckung kommen.

7.3.2 Experimentelle Bestimmung des g-Wertes

Prinzipiell gibt es zwei Methoden der g-Wert Bestimmung: eine indirekte, in der die optischen Kennwerte der Materialien gemessen werden und dann der g-Wert nach einem Rechenverfahren (z.B. DIN 67507) bestimmt wird, und eine direkte Methode, bei der der Gesamtwärmedurchlaßgrad kalorimetrisch bestimmt wird.
Ersteres Verfahren eignet sich vor allem für Fenstersysteme.
Hier wird der Transmissions- und Reflexionsgrad der einzelnen Scheiben gemessen und daraus der Absorptionsgrad bestimmt. Unter der Annahme definierter Wärmeübergangskoeffizienten zwischen den Glasscheiben und zur Umgebung läßt sich daraus der sekundäre Wärmeabgabegrad q_i und damit der g-Wert berechnen (siehe Gleichung 7.30).
Für komplexere Strukturen eignet sich dieses Verfahren jedoch nicht mehr. Hier werden direkte kalorimetrische Messungen oder andere Berechnungsverfahren notwendig.
Da sich das Gebiet der transparenten Wärmedämmsysteme noch in Entwicklung befindet, gibt es derzeit noch keine Standardmeßverfahren. Ein mögliches Verfahren soll hier kurz vorgestellt und erste Meßergebnisse angegeben werden.
Ziel der Messungen ist vor allem der Vergleich der Ergebnisse mit den theoretisch bestimmten Werten, denn aufgrund der vielen möglichen Parameter ist ein brauchbares Rechenmodell, welches nur punktweise experimentell überprüft wird, sehr nützlich.
Die Apparatur zur Messung des g-Wertes ist prinzipiell ähnlich wie ein Solarkollektor aufgebaut.
Eine künstliche Strahlungsquelle simuliert die Sonne, die einen Absorber mit transparenter Wärmedämmung bestrahlt, deren g-Wert

gemessen werden soll. Der polare Einfallswinkel ist beliebig einstellbar. Der Wirkungsgrad eines Kollektors, der das Verhältniss des durch den Absorber tretenden Energiestromes zu der Einstrahlung beschreibt, ist

$$(7.33) \qquad \eta = g\,(\alpha_a,\ k_i,\ k_a) - k\Delta T$$

mit g = Gesamtenergiedurchlaß der Probe
   k = k-Wert vom Absorber in den umgebenden Raum
  ΔT = Temperaturdifferenz zwischen Absorber und Raum

Die Temperatur des Absorbers wird dabei über einen Thermostat reguliert. Gemessen werden der Wärmefluß in dem Absorber mittels einer Wärmeflußplatte, die eingestrahlte Strahlungsintensität I, sowie die Temperaturdifferenz. Zusätzlich müssen der Absorptionsgrad α des Absorbers und der k-Wert des Systems bekannt sein. Letzterer kann durch eine "Dunkelmessung" bei gleichem experimentellem Aufbau ermittelt werden.

Ein weiteres Meßproblem stellt die thermische Trägheit des Gesamtsystems dar. Typischerweise benötigt man 2-3 Stunden Wartezeit, bis sich das thermische Gleichgewicht eingestellt hat.
In Tabelle 7.3 sind einige Meß- und Rechenwerte für verschiedene Fenstersysteme im Vergleich dargestellt. Es ist jeweils der g-Wert bei senkrechter Einstrahlung g (0°) sowie der Wert für diffuse Einstrahlung g_{diff}, der sich aus der Mittelung über mehrerer Winkel ergibt, angegeben. Zusätzlich sind Strahlungs- und Transmissionsgrade zum Vergleich aufgeführt. Man erkennt deutlich die Abweichung zwischen g-Wert und Transmissionsgrad sowie die Winkelabhängigkeit der Kenngrößen. Für viele Energieabschätzugen in solaren Systemen erweist sich der Wert g_{diff} als geeignete Kenngröße.

Tabelle 7.3: Gemessene/berechnete g-Werte unterschiedlicher Ein- und Mehrfachscheiben unter 0° Einfallswinkel und bei diffuser Einstrahlung; zum Vergleich sind die jeweiligen Transmissionwerte angegeben

Material	$g_\alpha(0°)$ [%]	$g_{\alpha diff}(0°)$ [%]	$\tau(0°)/\tau_{diff}$ [%]
eisenarme Glasscheibe	89±3.0 / 89.8±1	83±3.0 / 83.2±1	87 / 80
eisenhaltige Glasscheibe	85±2.5 / 86.8±1	80±2.5 / 80.0±1	81 / 74
Plexiglas	87±2.5 / 87.7±1	81±2.4 / 81.0±1	83 / 77
Doppelglas	76±2.2 / 76.1±1	69±2.5 / 68.5±1	72 / 63
Dreifachglas	71±2.3 / 70.9±1	65±3.0 / 63.1±1	60 / 51
einseitig selektiv beschichtetes Isolierglas,			
-besch. S. innen	64±2.9 / 63	57±2.4	52
-besch. S. außen	60±2.7 / 59	54±2.3	52

In Tabelle 7.4 sind die Kenndaten der derzeit besten transparenten Wärmedämmstoffe zusammengefaßt. Diese Materialien können für spezielle Anwendungen hinsichtlich Gesamtenergiedurchlaßgrad und Wärmedurchlaßgrad in ihrer Dicke optimiert werden. Ebenso hängen die Kenndaten auch maßgeblich von der Wahl des Materials und der Geometrie der Strukturen ab.

Tabelle 7.4: Kenndaten transparenter Wärmedämmstoffe

Material	Geometrie	Transmissionsgrad (diff)	Gesamtenergie-durchlaßgrad (diff)	Wärme-durchlaß-grad ($T_m = 10°C$) [$W/m^2 K$]
Kapillar-platten Polykarbonat	10cm Dicke 3mm ϕ	0.69±0.05	0.71±0.05	0.92±0.03
Kapillar-platten PMMA	5cm Dicke 3mm ϕ	0.70±0.05	0.78±0.05	1.08±0.03
quadr.Waben-struktur Polykarbonat	10cm Dicke Dicke 4mm □	0.75±0.05	0.82±0.03	1.07±0.03

8. Thermische Flachkollektoren

8.1 <u>Prinzip</u>

Das Grundprinzip eines thermischen Kollektors ist in Abb. 8.1 dargestellt.
Aus der Umgebung einfallendes direktes und diffuses Sonnenlicht trifft auf einen Absorber und wird dort in Wärme umgewandelt. Um möglichst hohe Temperaturen und Wirkungsgrade erreichen zu können, wird der Absorber möglichst gut gegen die Umgebung wärmegedämmt. Um viel Sonnenlicht absorbieren zu können, muß diese Wärmedämmung zumindest vorne transparent ausgebildet sein. Die erzeugte Wärme wird durch ein flüssiges oder gasförmiges Trägersystem einem Verbraucher zugeführt.

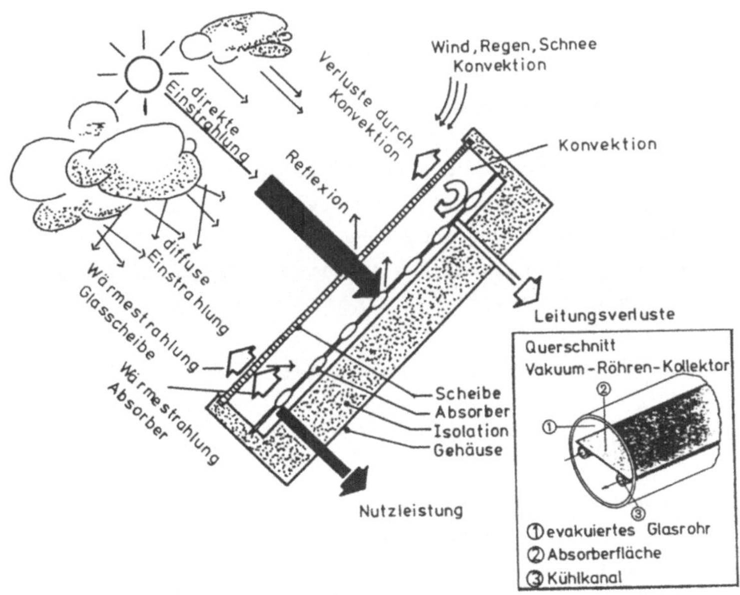

Abb. 8.1: Querschnitt durch einen thermischen Kollektor

Je nach Anwendungsfall gibt es eine Vielzahl von Variationsmöglichkeiten für jede Teilkomponente:

Absorber: Kupfer, Edelstahl, Aluminium, Kunststoff, nicht selektive und selektive Beschichtung

Wärmeträgersystem: Gas oder Flüssigkeiten in Röhren oder Kanälen,
erzwungene Durchströmung oder Thermosyphon,
Wärmerohre

transparente Isolation: Ein- oder Mehrfach- Abdeckung,
Vakuumröhren, strukturierte
Isolationen (Schaum, Kapillaren)

opake Isolation: handelsübliche Dämmstoffe (Polyurethan,
Steinwolle, Kombination mit Alufolien)

Die Leistungsbilanz eines Kollektors ist gegeben durch die absorbierte Lichtleistung auf der einen Seite und die Nutzleistung und
die Wärmeverluste auf der anderen Seite. Betrachtet man einen stationären Zustand, so ergibt sich:

$$(8.1) \qquad G \cdot K_F \cdot \tau \cdot \alpha = \dot{Q}_n + \dot{Q}_{ver}$$

mit G = eingestrahlte Intensität

K_F = Kollektorfläche

$\tau \cdot \alpha$ = Anteil von G, der vom Absorber aufgenommen wird
Produkt aus Transmissionsgrad der Abdeckung und
Absorptionsgrad des Absorbers

$\dot{Q}_n$ = Nutzleistung, die auf das Arbeitsmedium übertragen wird

$\dot{Q}_{ver}$ = thermische Verluste

Daraus folgt für den Kollektorwirkungsgrad:

$$(8.2) \qquad \eta = \int \dot{Q}_n \, dt \, / \, \int G \, K_F \, dt$$

Er ist das Verhältnis von nutzbarer Energie innerhalb eines bestimmten Zeitraumes zur Gesamteinstrahlung.
Normiert man die Absorberfläche auf 1 m^2 , so ergibt sich:

$$(8.3) \qquad \eta = \frac{\int \left(G \cdot \tau \cdot \alpha - k \left(T_M - T_L \right) \right) \cdot F \, dt}{\int G \, dt}$$

mit F = Wärmenutzungsfaktor

T_M = mittlere Absorbertemperatur

T_L = Lufttemperatur (außen)

k = Wärmedurchgangskoeffizient

In der Kenngröße F sind die internen Eigenheiten des Absorbers
wie Wärmeübergang vom Absorber zum Arbeitsmedium und Abhängigkeiten von der Durchflußgeschwindigkeit /6/ enthalten. Bei geeigneter
Wahl der Betriebsbedingungen kann F im Bereich zwischen 0,9 und 1
liegen.

Der Wärmedurchgangskoeffizient k setzt sich im allgemeinen aus
drei Größen zusammen:

$$(8.4) \qquad k = k_T + k_R + k_S$$

k_T = Wärmedurchgangskoeffizient der transparenten Vorderseite

k_R = Wärmedurchgangskoeffizient der Rückseite

k_S = Wärmedurchgangskoeffizient der Seitenbereiche des
Kollektors

Für den größten Teil der Kollektoren ist k_T die bestimmende Größe
(siehe Kapitel 7), sodaß bei groben Abschätzungen $k = k_T$ gesetzt
werden kann. Bei hocheffizienten Kollektoren müssen Rück- und Sei-
tenverluste jedoch mitberücksichtigt werden. Einen Spezialfall
bilden evakuierte Röhrenkollektoren und sogenannte Albedokollekto-
ren /42/, die rundherum transparent isoliert sind und somit durch
einen k_T - Wert charakterisiert werden.

8.2 Experimentelle Ergebnisse

Tabelle 8.1 zeigt eine Zusammenfassung von Kenndaten herkömmlicher
Kollektoren sowie das Potential, das in Zukunft möglich erscheint.
Besonders bei Vakuumkollektoren ist zu beachten, daß wegen einzu-
haltender Abstände von Absorber und Glasrohr und zwischen den
Glasrohren selbst die Absorberfläche bis zu 30% kleiner sein kann
als die Kollektorfläche. $\tau \cdot \alpha$-Werte, bezogen auf die Kollektorfläche, sind demnach entsprechend kleiner. In früheren Arbeiten
wurde häufig die Absorberfläche zugrunde gelegt.

Tabelle 8.1:   Kollektorkenndaten

Kollektortyp	$\tau \cdot \alpha$ (%)	$k(\Delta T = 40\ \mathrm{K})$ $(\mathrm{W/m^2K})$
schwarzer Absorber ohne Abdeckung	95	>10
schwarzer Absorber mit 1 Scheibe	90	6
schwarzer Absorber mit 2 Scheiben	80	4
selektiver Absorber mit 1 Scheibe	90	<4
Vakuumröhrenkollektor	70	1
Aerogel-Kollektor (Labor)	50	2
mögliche Grenzwerte	75	1
Honeycomb-Kollektor (Labor)	70	1

Der Wirkungsgrad eines Kollektors wird gemäß Formel 8.3 neben den Kollektorkenndaten noch durch zwei andere Werte entscheidend bestimmt:

die globale Einstrahlung G und die Temperaturdifferenz ΔT, die im Kollektor erzeugt werden soll.

Für überschlägige Abschätzungen setzt man häufig F = 1 und vernachlässigt die Temperaturabhängigkeit des Wärmeverlustkoeffizienten k(T) = const. sowie die Zeitabhängigkeit aller anderen Größen. Unter diesen Randbedingungen vereinfacht sich Gleichung 8.3 zu:

$$(8.5) \qquad \eta = \tau \cdot \alpha - k\ \Delta T/G$$

mit $\Delta T = T_M - T_L$, T_L = Lufttemperatur und $T_M = 0,5\ (T_{out} - T_{in})$.

Trägt man den Wirkungsgrad über die mit der Einstrahlung normierte Temperaturdifferenz $\Delta T/G$ auf, ergeben sich die bekannten Kollektorwirkungsgradgeraden (Abb. 8.2).

Aus experimentellen Meßwerten lassen sich auf diese Weise die Kollektorkenndaten bestimmen. Der Schnittpunkt der Geraden mit der Ordinate ergibt den Wert $\tau \cdot \alpha$, auch Konversionsfaktor genannt, der gleichzeitig dem maximalen Wirkungsgrad bei $\Delta T = 0$ entspricht; die Steigung der Geraden entspricht dem Wärmeverlustkoeffizienten und der Schnittpunkt mit der Abszisse legt die maximal erreichbare Temperatur - die sogenannte Stillstandstemperatur T_{Max} - fest, die der Kollektor unter voller Sonneneinstrahlung G = 1KW/m^2 erreichen kann.

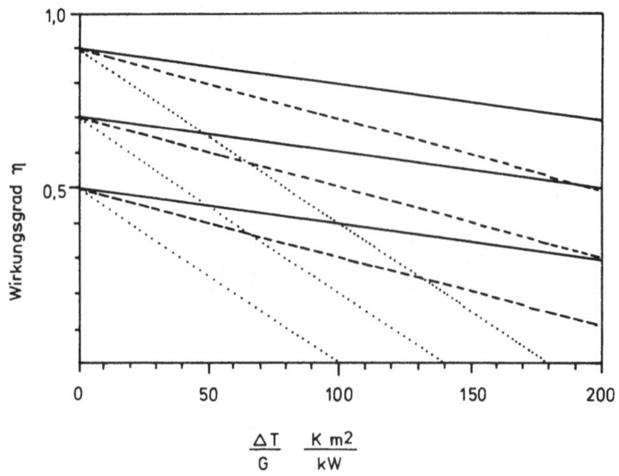

Abb. 8.2: Idealisierte Kollektorkennlinien für unterschiedliche
$\tau \cdot \alpha$ -Werte (0,9; 0,7; 0,5) und
3 Wärmeverlustkoeffizienten k (—— 1;--- 2;··· 5 W/m^{2}K)

Für die praktische Auslegung eines Solarsystems ist es von entscheidender Bedeutung, bei welchen Temperaturdifferenzen und unter welchen Einstrahlungsbedingungen das System noch arbeiten soll (siehe Kapitel 8.3). Auch Fragen der Wirtschaftlichkeit spielen hier eine entscheidende Rolle (siehe Kapitel 12).
Bei Einsatz von Kollektoren im Bereich hoher Temperaturdifferenzen ist die Näherung k(T) = const nicht mehr exakt. Hier muß die Temperaturabhängigkeit des Wärmeverlustkoeffizienten berücksichtigt werden (siehe Kapitel 7.2). Dies führt zum einen zu einer Abweichung der Kennlinie von der Geradenform sowie zu einer Aufspaltung der einen Geraden in ein Kennlinienfeld, wobei die niedrigste Kennlinie den höchsten Temperaturdifferenzen entspricht.

Abb. 8.3 zeigt das Kennlinienfeld eines hocheffizienten Vakuum-
röhrenkollektors.Die Bestimmung der Kollektorkenndaten aus den
experimentellen Meßwerten ist für diese Fälle entsprechend
aufwendig und führt in der Praxis häufig zu Unstimmigkeiten in den
Kenndaten der Kollektorhersteller.

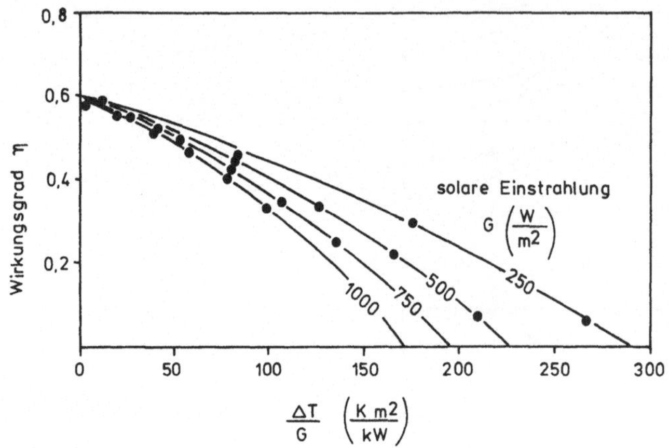

Abb. 8.3: Kennlinienfeld eines Vakuumkollektors
(τ·α bezogen auf die Kollektorfläche)

In Abbildung 8.4 ist ein Vergleich der Kennlinienfelder von Vakuumkollektoren, Flachkollektoren mit einfacher Abdeckung und selektivem bzw. schwarzem Absorber dargestellt. Die Breite der schraf-
fierten Felder zeigt die typische Schwankung der Wirkungsgrade in
Abhängigkeit von der Einstrahlung an. Die Kollektorkenndwerte τ·α
und k sind in diesem Fall auf die Absorberfläche bezogen. Für
Vakuumkollektoren ist der τ·α-Wert damit absolut um etwa 20%
besser als in Abbildung 8.3. Man erkennt deutlich, daß die Vorteile der Vakuumkollektoren vor allem bei großen ΔT/G -Werten
auftreten. Bei kleinen ΔT/G-Werten können Flachkollektoren
durchaus gleichwertig sein.
Häufig benutzt man neben den Kennlinienfeldern auch sogenannte
Input-Output-Diagramme zur Charakterisierung von Kollektoren.
Abbildung 8.5 zeigt ein Beispiel dazu. Parameter der unterschiedlichen Geraden ist ΔT.

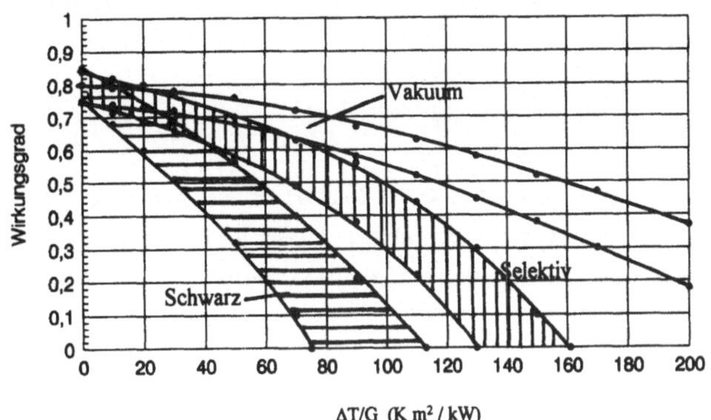

Abb. 8.4: Vergleich der Kennlinienfelder von Vakuumkollektoren mit
Flachkollektoren mit selektivem bzw. schwarzem Absorber
($\tau \cdot \alpha$ bezogen auf die Absorberfläche)

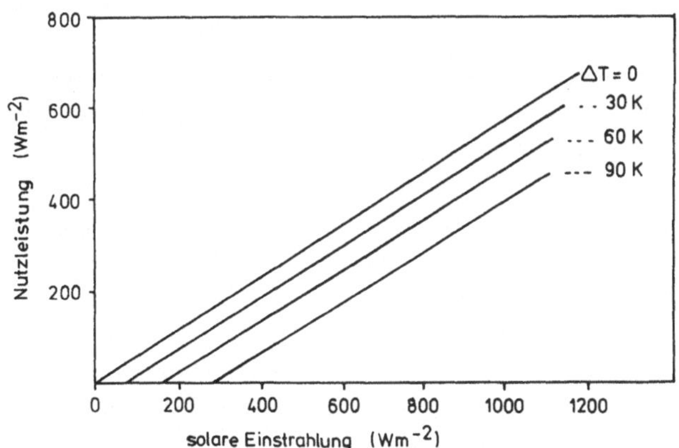

Abb. 8.5: Input - Output - Diagramm für einen Vakuumkollektor

Ausgangspunkt zu dieser Darstellung ist die Gleichung 8.5 in leicht variierter Form:

$$(8.6) \qquad \eta \, G = \tau \cdot \alpha \, G - k \, \Delta T$$

Bei der Anwendung dieser Darstellung wird angenommen, daß der k-Wert nur von ΔT und nicht vom Absolutwert der Temperatur abhängt. Für die meisten Kollektoranwendungen ist dies jedoch erfüllt.

Der Vorteil dieser Darstellung liegt darin, daß man mit einem Meßwert pro ΔT stets die ganze Gerade bekommt und damit den Kollektor durch wenige Messungen sehr gut charakterisieren kann.

8.3   <u>Optimierung von Kollektorsystemen</u>
             <u>unter realen Einsatzbedingungen</u>

Für die optimale Auslegung eines Kollektorsystems sind neben den Kollektorkenndaten vor allem die Rahmenbedingungen von entscheidender Bedeutung. Soll das System autonom arbeiten (monovalent), muß es eine bestimmte Minimaltemperatur erreichen, soll das System nur im Sommer arbeiten oder ganzjährig Energie liefern (auch bei niedriger Einstrahlung)?
Für unsere Klimazone werden zwar autonome Solarsysteme ohne Zusatzheizung auf absehbare Zeit - solange noch keine Langzeitspeicher existieren - aus wirtschaftlichen Gründen nicht in Frage kommen. Im folgenden soll jedoch einmal der Jahreswirkungsgrad von Solarkollektoren für verschiedene Anwendungsbereiche bestimmt werden, um ein Gefühl von der Abhängigkeit des Wirkungsgrades von den Rahmenbedingungen zu bekommen.

Für den Einsatzbereich, der uns hier vor allem interessiert - Brauchwasser und Heizung - liegen die gewünschten Temperaturdifferenzen im Bereich $\Delta T < 80K$, so daß man in guter Näherung die linearisierten Kollektorkennlinien benutzen darf. Nimmt man weiter ein minimales ΔT an, das benötigt wird, um das System in Funktion zu setzen, läßt sich der Energienutzungsgrad eines Kollektorsystems in Abhängigkeit von der Einstrahlungsintensität darstellen.

Abbildung 8.6 zeigt experimentelle Ergebnisse eines Schwimmbadkollektorsystems. Aufgetragen ist hier die täglich nutzbare Energie
über der gesamten Tageseinstrahlung.

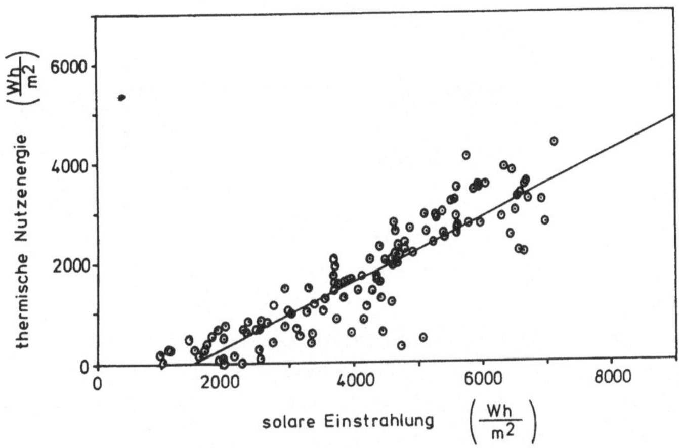

Abb. 8.6: Energienutzungsgrad eines Schwimmbadkollektorsystems

Man erkennt, daß eine minimale Einstrahlung von etwa 2000 Whm^{-2}
notwendig ist, bevor das System seine erste Nutzenergie liefert.
Jede darüber hinaus einfallende Strahlungsenergie wird mit etwa
konstantem Wirkungsgrad (Steigung der Geraden) in Nutzenergie umgewandelt.
Abb. 8.7 zeigtdie Abhängigkeit des Wirkungsgrades von der Einstrahlung für die Parameter $\tau \cdot \alpha$ und k bei $\Delta T = 40K$. Die sich
schneidenden Wirkungsgradkennlinien deuten an, daß in $\tau \cdot \alpha$ und k
unterschiedliche Kollektoren gleiche Wirkungsgrade haben können.

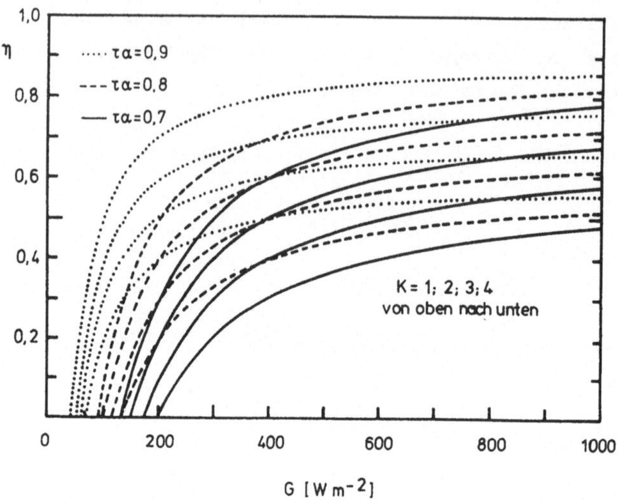

Abb. 8.7: Abhängigkeit des Kollektorwirkungsgrades von der
Einstrahlung für unterschiedliche $\tau \cdot \alpha$- und k-Werte

Verbesserungen des k-Wertes sind im allgemeinen mit Verringerung der Transmission verknüpft. Aussagen, welche Kombination von k und $\tau \cdot \alpha$ optimal ist, können aus der Berechnung des Jahreswirkungsgrades des Kollektors gemacht werden.

Hierzu wurden die im Institut unter 45° nach Süden gemessenen Einstrahlungen G_x in 10 Einstrahlungsbereiche x = 1-10 von 10-100 Wm^{-2}, 100-200 Wm^{-2}, ..., > 900 Wm^{-2} eingeteilt und monatlich die Stunden der Einstrahlung h_x in diesen Bereichen aufaddiert.

Der Jahreswirkungsgrad des Kollektors berechnet sich nach

$$(8.7) \qquad \eta_{Jahr} = \frac{\sum\limits_{i=1}^{12} \sum\limits_{x=1}^{10} (\eta_x \cdot h_x \cdot Gx)_i}{\sum\limits_{i=1}^{12} \sum\limits_{x=1}^{10} (h_x \cdot G_x)_i}$$

mit $Q_x = h_x \cdot G_x$.

Q_x ist die monatliche Strahlungsenergie im Einstrahlungsbereich x

G_x ist die mittlere Einstrahlung im Strahlungsbereich x.

η_x ist der Wirkungsgrad im Strahlungsbereich x.

h_x ist die monatliche Anzahl von Stunden mit Einstrahlung im Strahlungsbereich x.

Die Summation über die Monate ist durch den Index i gekennzeichnet. Für die Wärmeverlustkoeffizienten $k = 1, 2, \ldots, 6\,Wm^{-2}K^{-1}$, die $\tau \cdot \alpha$-Produkte $\tau \cdot \alpha = 0,9, 0,8, \ldots, 0,5$ und die Temperaturdifferenzen $\Delta T = 10, 20, \ldots, 80\,K$ sind die Jahreswirkungsgrade für 1982 am Ende des Kapitels aufgeführt. Eine zeichnerische Darstellung für $\Delta T = 40K$ zeigt Abb. 8.8.

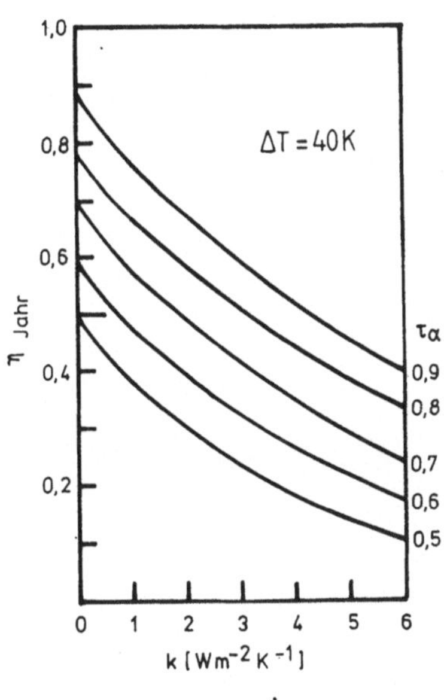

Abb. 8.8:
Jahreswirkungsgrade eines Kollektors mit $\Delta T=40K$ in Abhängigkeit von $\tau \cdot \alpha$ und dem k-Wert

Die Jahreswirkungsgrade für 1983 unterscheiden sich von den Werten für 1982 maximal um 2%. Dies ist erstaunlich, da die Jahre 1982 und 1983 recht unterschiedliche monatliche Verteilungen der Strahlungssummen hatten und die integrale Strahlungsenergie 1983 um 6% höher lag als 1982 (1122 kWh). Es zeigt andererseits aber auch, daß die mittlere Intensitätsverteilung für verschiedene Jahre relativ ähnlich ist.

Nach Abb. 8.8 hat ein einfach abgedeckter, nicht selektiver Kollektor mit k = 6W/m^{2}K und $\tau\cdot\alpha$ = 0,9 bei ΔT = 40 K einen Jahreswirkungsgrad η_{Jahr}= 40%, ein zweifach abgedeckter nicht selektiver Kollektor mit k = 4 W/m^2 K und $\tau\cdot\alpha$ = 0,8 erreicht η_{Jahr}= 45%. Eine dreifache Kollektorabdeckung mit k = 3 W/m^2 K und $\tau\cdot\alpha$ = 0,7 scheidet aus, da der Jahreswirkungsgrad mit 42% nicht höher als bei einer Zweifachabdeckung ist. Selektive, einfach abgedeckte Kollektoren mit k = 4 W/m^{2}K und $\tau\cdot\alpha$ = 0,9 sind mit einem Jahreswirkungsgrad von 53% besser als alle, auch mehrfach abgedeckten, nicht selektiven Kollektoren.

Unterschiede der Wirkungsgrade für bestimmte Jahreszeiten sind in Abb. 8.9 dargestellt.

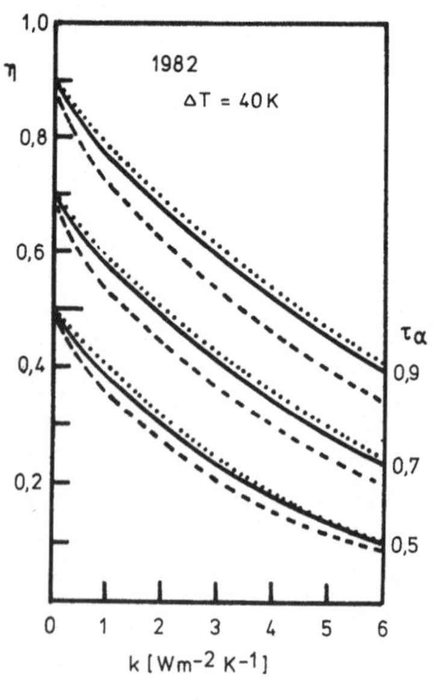

Abb. 8.9:
Vergleich der ganzjährigen Kollektorwirkungsgrade (——) mit den Werten für die Monate 4 bis eineinschließlich 9 (...) und die Monate 10, 11, 12, 1, 2 und 3 (---)

Die Wirkungsgrade für die Sommermonate April, Mai, Juni, Juli, August, September liegen aufgrund der höheren Einstrahlung etwas über dem Jahreswirkungsgrad; die Wirkungsgrade der Wintermonate Oktober, November, Dezember, Januar, Februar, März liegen bis zu

8 % unter den Jahreswirkungsgraden. Für große Werte $\tau \cdot \alpha$ sind die jahreszeitlichen Unterschiede größer als für kleine Werte.

Den Einfluß der Temperaturdifferenz in den Grenzen $\tau \cdot \alpha = 0,9$ und $\tau \cdot \alpha = 0,5$ auf die ganzjährigen Wirkungsgrade zeigt Abb. 8.10. Bei kleinen Temperaturdifferenzen ist die Änderung des Wirkungsgrades weniger stark abhängig vom k-Wert. Je höher die Temperaturdifferenz, desto wichtger ist der k-Wert.

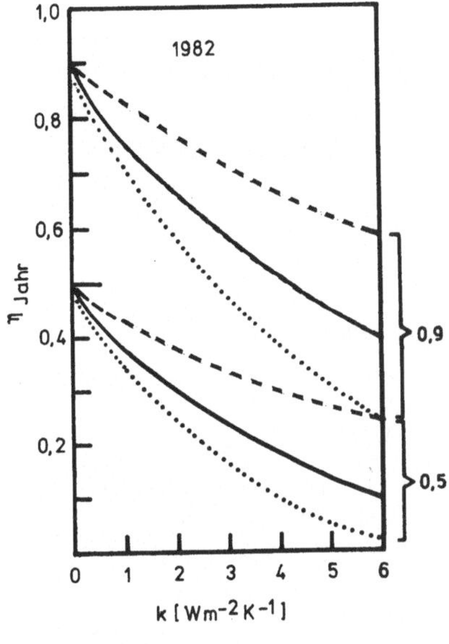

Abb. 8.10:
Abhängigkeit des Jahreswirkungsgrades η_{Jahr} 1982 vom k-Wert des Kollektors in den Grenzen $\tau \cdot \alpha = 0,9$ und $\tau \cdot \alpha = 0,5$ für
$\Delta T = 20K$ (----),
$\Delta T = 40K$ (——) und
$\Delta T = 60K$ (····)

Um die Ergebnisse dieser Rechnungen auf Überlegungen zum Jahreswirkungsgrad einer Brauchwasseranlage anwenden zu können, muß man berücksichtigen, daß die Kollektoren wegen der jahreszeitlichen Änderung der Außentemperatur während des Sommers bei einem kleineren ΔT arbeiten als während des Winters.
Die nachfolgend aufgeführten Wirkungsgradtabellen sind Richtwerte, mit deren Hilfe die Effizienz eines thermischen Kollektors abgeschätzt werden kann. Bei der Konstruktion eines Kollektors lassen sich anhand dieser Tabellen wichtige Entscheidungen über die Auslegung treffen.

Für die Verwendung transparenter Isolationsmaterialien als Kollektorabdeckung lassen sich die Grenzen ableiten, in denen eine Verbesserung des k- Wertes bei gleichzeitiger Reduzierung der Transmission sinnvoll sind. Im Vergleich mit dem einfach abgedeckten selektiven Kollektor mit einem Jahreswirkungsgrad von 53% bei ΔT = 40K ergibt sich, daß nur transparente Isolationen mit besseren Werten als $\tau \cdot \alpha$ = 0,7 und k = 1 W/m^2K höhere Wirkungsgrade ermöglichen.

Bei Kollektortemperaturen über 60°C ist die diesen Rechnungen zugrundegelegte Annahme linearer Kollektorkennlinien mit weiter wachsender Temperatur immer schlechter erfüllt. Die linearisierte Wirkungsgradgleichung (8.5) muß durch eine Gleichung mit temperaturabhängigem k-Wert ersetzt werden (Kap.6). Die Jahreswirkungsgrade, die man berechnen würde, sind niedriger als die in den Tabellen 8.3 angegebenen.

Tabelle 8.3: Jahreswirkungsgrade eines Kollektors (1982) für k-Werte 1 bis 6 W/m^2K und Produkte $\tau \cdot \alpha$ von 0,9 bis 0,5 für ΔT von 10 bis 80K

$\tau \cdot \alpha$	ΔT = 10K k (W/m^2K)					
	1	2	3	4	5	6
0,9	87	83	8o	77	74	72
0,8	77	73	70	67	64	62
0,7	67	63	60	57	55	53
0,6	57	53	50	48	46	44
0,5	47	43	41	38	36	34

$\tau \cdot \alpha$	ΔT = 20K k (W/m^2K)					
	1	2	3	4	5	6
0,9	83	77	72	67	63	59
0,8	73	67	62	58	54	50
0,7	63	57	53	49	44	40
0,6	53	48	44	39	36	32
0,5	43	38	34	30	27	24

$\tau \cdot \alpha$	ΔT = 30K k (W/m^2K)					
	1	2	3	4	5	6
0,9	80	72	65	59	53	48
0,8	70	62	55	50	45	40
0,7	60	53	47	41	36	31
0,6	50	44	37	32	27	24
0,5	41	34	29	24	20	16

$\tau \cdot \alpha$	ΔT = 40K k (W/m^2K)					
	1	2	3	4	5	6
0,9	77	67	59	53	45	39
0,8	67	58	50	43	37	31
0,7	57	49	41	34	29	16
0,6	48	39	32	26	21	16
0,5	38	30	24	18	14	10

$\tau \cdot \alpha$	$\Delta T = 50K$ $k\ (W/m^2K)$					
	1	2	3	4	5	6
0,9	74	63	53	45	38	31
0,8	64	54	45	37	30	24
0,7	55	44	36	29	22	17
0,6	46	36	27	21	15	11
0,5	36	27	20	14	9	5

$\tau \cdot \alpha$	$\Delta T = 60K$ $k\ (W/m^2K)$					
	1	2	3	4	5	6
0,9	72	59	48	39	31	24
0,8	62	50	40	31	24	17
0,7	53	41	31	24	17	11
0,6	44	32	24	16	11	6
0,5	34	24	16	9	5	2

$\tau \cdot \alpha$	$\Delta T = 70K$ $k\ (W/m^2K)$					
	1	2	3	4	5	6
0,9	70	55	44	34	26	18
0,8	60	46	35	26	19	12
0,7	51	38	27	19	12	7
0,6	41	29	20	12	7	3
0,5	32	21	13	6	2	0

$\tau \cdot \alpha$	$\Delta T = 80K$ $k\ (W/m^2K)$					
	1	2	3	4	5	6
0,9	67	52	39	29	20	13
0,8	58	43	31	22	14	8
0,7	49	34	24	15	8	4
0,6	39	26	16	9	4	1
0,5	30	18	10	4	0	0

9.   Passive Sonnenenergienutzung

Wie in Kapitel 1 bereits gezeigt, entfallen heute etwa 40 % des Primärenergieverbrauchs der Bundesrepublik Deutschland auf die Raumheizung. Schätzungen über das Einsparpotential in diesem Bereich variieren, aber es dürften mindestens 50 % sein. Wir haben also hier die wichtigste "Energiequelle" überhaupt vor uns. Da nicht verbrauchte Energie die Umweltbelastung vermindert, sollte uns die Reduktion des Raumwärmeverbrauchs ein besonderes Anliegen sein.

Auf dem Weg zu dieser Einsparung wird heute im Hochbau ein ganzes Bündel von Maßnahmen erprobt bzw. angewandt. Dazu gehören: Verbesserung der Heizungs- und Regelungstechnik , Wärmedämmung , aktive Nutzung regenerativer Energiequellen und schließlich die passive Nutzung der Solarenergie. Dabei ist es notwendig darauf hinzuweisen, daß man die passive Sonnenenergienutzung nicht losgelöst von den anderen Maßnahmen betrachten darf; denn der Bau ist eine Einheit, ein Gesamtsystem. Insbesondere stehen manche Maßnahmen in Konkurrenz miteinander: Extreme Wärmedämmung führt z. B. zu einer Reduktion des Gesamtwärmebedarfs und zur Reduktion der Heizsaison auf wenige Wintermonate mit dem geringsten Strahlungsangebot und vermindert dadurch die Wirtschaftlichkeit aktiver Solarsysteme.

Prinzipiell teilt sich passive Solarenergienutzung in die reine Solararchitektur und den Einsatz von Komponenten zur Nutzung solarer Energie auf. Abb. 9.1 zeigt eine Zusammenfassung der wichtigsten Merkmale von Solararchitektur sowie die wichtigsten Komponenten /47/.

In diesem Kapitel soll nicht so sehr auf eine Bestandsaufnahme der jetzt verfügbaren Komponenten, sondern auf die physikalischen Grundlagen und interessanten Neuentwicklungen auf diesem Gebiet eingegangen werden. Der Begriff "passiv" hat in diesem Zusammenhang folgende Bedeutung: Solarstrahlung wird während der Wintersaison zur Heizung des Gebäudes ohne aufwendige Technik wie Wärmekreisläufe, Pumpen, Speichertanks, usw. angewandt. Dabei sollen die Komponenten Teile der Gebäudestruktur oder in diese integriert sein. Wie später deutlicher werden wird, kommen die meisten Komponenten nicht ohne aktive Bestandteile aus, die vor allem der Kontrolle der Strahlungs- und Wärmeströme dienen.

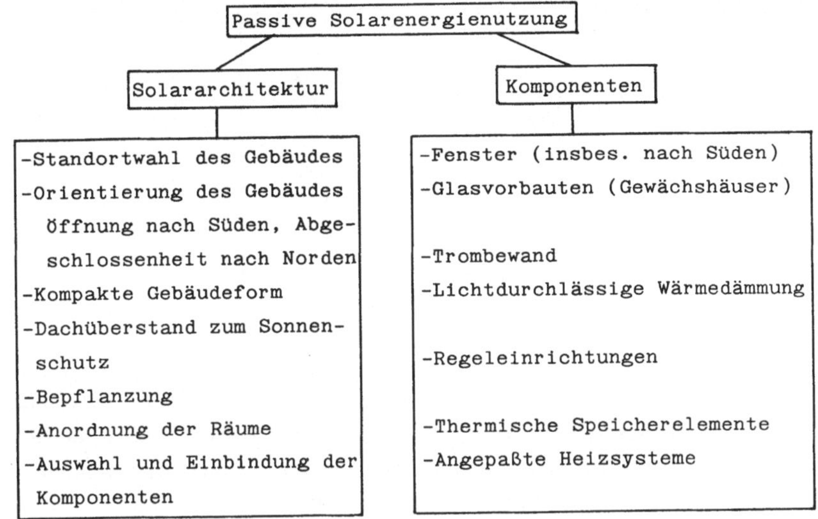

Abb. 9.1: Einteilung der passiven Solarenergienutzung in
Solararchitektur und Komponenten

9.1 Potential der Sonnenstrahlung für Gebäudeheizung

Ungeachtet der Wirtschaftlichkeit kann man das Potential der Solarenergie folgendermaßen abschätzen: Der Heizbedarf eines Einfamilienhauses schwankt je nach Wärmedämmung und Lüftungsrate zwischen 5 MWh und 30 MWh pro Jahr. Berechnet man die Globalstrahlung, die während der Heizsaison von Oktober bis März auf alle
vier Fassaden und das Dach eines Einfamilienhauses fällt, dann erhält man als typischen Wert 75 MWh. Demnach ließe sich sogar bei
schlechter Wärmedämmung der Heizbedarf vollständig aus Sonnenenergie decken. Diese Betrachtungsweise ist jedoch zu global; die monatliche Veränderung von Heizbedarf und Strahlungsangebot wird
nicht berücksichtigt. Einen besseren Einblick bietet Abb. 9.2. Die
obere Kurve gibt die monatlich einfallende Globalstrahlung auf ein
repräsentatives Einfamilienhaus an /45/.
Diese Kurve enthält die Globalstrahlung auf alle vier Fassaden und
das Dach, wobei das Dach als ebene Fläche betrachtet wird. Die
Strahlung auf die Fassaden alleine ist in der darunterliegenden
Kurve angegeben. Hier wird die Bedeutung der Dachfläche als

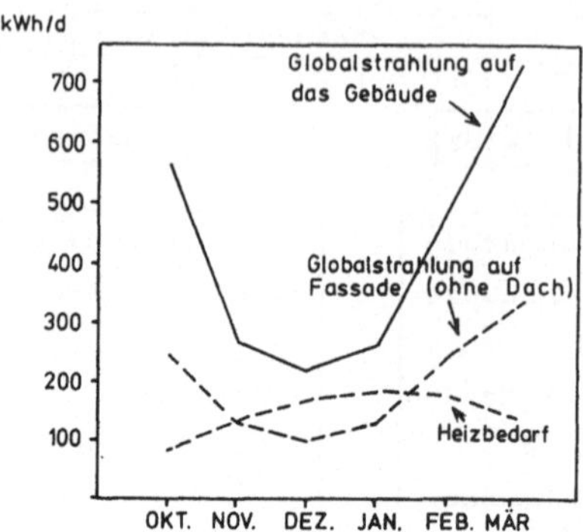

Abb. 9.2: Monatliche Globalstrahlung auf ein Einfamilienhaus (in kWh/d) einschließlich Dach (obere Kurve), nur auf Fassaden (mittlere Kurve) und Heizbedarf (untere Kurve, Basis 30 MWh/a); Strahlungsdaten von Freiburg

möglichem Strahlungsempfänger verdeutlicht. Zum Vergleich ist ebenfalls der Heizbedarf eines schwach gedämmten Einfamilienhauses (auf der Basis 30 MWh/a) in Abhängigkeit vom Monat eingetragen. Man kann heute den Heizbedarf wesentlich geringer gestalten, z. B. 10 MWh/a, sodaß anhand dieser Betrachtungsweise die Strahlung auf die Fassaden (bei voller Ausnutzung der Energie) den Heizbedarf auch im ungünstigsten Monat (Dezember) voll decken würde. Die Mittelung über das monatliche Strahlungsangebot gibt jedoch noch immer kein korrektes Bild. Abb. 9.3 zeigt Messungen der Strahlung auf eine Westfassade sowie den Verlauf der Lufttemperatur im Februar 1985.

Man erkennt, daß gerade im Winter an klaren Tagen das Strahlungsangebot sehr groß ist, daß aber an trüben Tagen fast keine Strahlungsenergie verfügbar ist. Da die trübe Witterung manchmal eine Woche oder länger anhalten kann, würde die volle Deckung des Heizbedarfs eine entsprechende Energiespeicherfähigkeit der Komponenten oder der Struktur des Hauses voraussetzen. In der Praxis erreicht man mit passiven Maßnahmen nur 2 - 3 Tage Speicherzeit. Dies führt zu folgender wichtigen Aussage: Sonnenenergie reicht ohne Langzeitspeicher auch bei optimaler Ausnutzung nicht zur vollen Deckung des Heizbedarfs. Es ist in jedem Falle eine Zusatzheizung erforderlich.

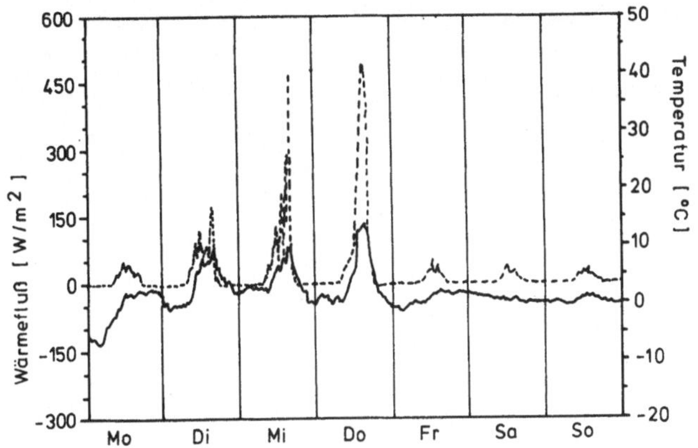

Abb. 9.3: Experimentelle Ergebnisse von einer Westfassade im
Februar 1985

---- globale Einstrahlung für eine Woche

—— Außenlufttemperatur vor der Fassade

In der Zukunft werden jedoch solche Heizsysteme eine relativ geringe Leistung besitzen und nur an wenigen Tagen während einer
verkürzten Heizsaison in Einsatz sein. Daher sollten die Heizein-
richtungen relativ einfach und billig sein, während der Energiepreis keine große Rolle spielt, da wenig Energie gebraucht wird.

9.2   Grundlegende Eigenschaften passiver Komponenten

Für passive Komponenten lassen sich allgemein gültige Prinzipien
formulieren . Vier Grundbestandteile können aus Abb. 9.4 entnommen
werden. Es sind dies: der Absorber, der Speicher, die Regelung und
die lichtdurchlässige Wärmedämmung, zu der auch das Fensterglas
gehört. Das Absorberelement soll die Sonnenstrahlung möglichst
vollständig absorbieren. Es hat daher meist eine dunkel eingefärbte Oberfläche, die zusätzlich nach Art der Solarkollektoren
strahlungsselektiv ausgestattet werden kann, d.h. hohe Absorption
im Bereich des Sonnenspektrums, aber geringe Emission im Bereich
der Wärmestrahlung. Der Absorber muß nicht eine ebene Oberfläche
besitzen, er kann z. B. auch aus einem hinter einem Fenster gele-

genen Wohnraum bestehen. Eine Fensteröffnung kommt, physikalisch gesehen, einem schwarzen Körper nahe, hat also ein sehr hohes Absorptionsvermögen.

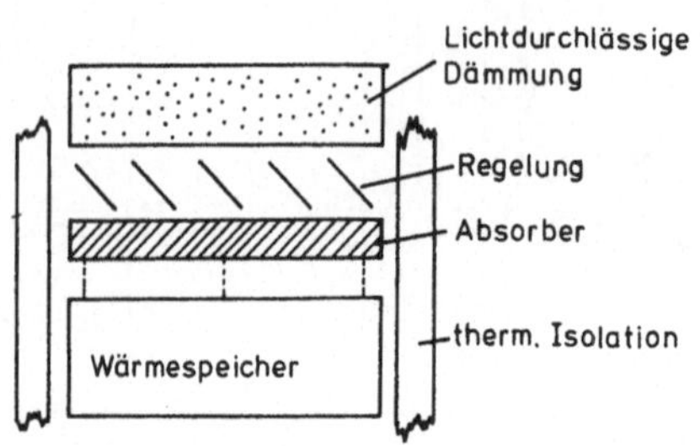

Abb. 9.4: Prinzipdarstellung einer Komponente zur
passiven Solarenergienutzung

Nach außen ist das Gesamtelement durch eine lichtdurchlässige Wärmedämmung abgeschlossen, die einerseits gegenüber der Sonnenstrahlung möglichst transparent sein soll, andererseits einen hohen Wärmeübergangswiderstand besitzen soll. Davon wird später noch ausführlicher die Rede sein.

Ein weiteres wichtiges Element ist die Wärmespeicherung, deren Bedeutung schon betont wurde. In der passiven Solarenergienutzung versucht man zur Speicherung meist Teile der Gebäudestruktur einzusetzen; vor allem massive Wände und Decken kommen hierfür infrage. Das Speicherelement kann direkt mit dem Absorber verbunden sein oder durch Wärmeübertragung, z. B. durch einen Luftstrom, aufgeladen werden.

Ein wichtiger Bestandteil, der oft vernachlässigt wird, ist die Regelung. Ein Blick auf Abb. 9.2 zeigt, daß in den Sommermonaten sehr viel mehr Strahlung zur Verfügung steht als zur Heizung benötigt wird, sodaß die Gefahr der Überhitzung besteht. Anders ausgedrückt: Eine Einrichtung zur passiven Sonnenenergienutzung, die in der Lage ist, die im Winter verfügbaren geringen Strahlungsintensitäten in nutzbare Heizenergie umzuwandeln, bedarf einer Regeleinrichtung, um das viel höhere Einstrahlungsniveau des Sommers zu beherrschen. Man kann ferner feststellen, daß die Notwendigkeit

der Regelung um so dringender wird, je effektiver die Komponenten
der passiven Solarenergienutzung werden.

Dies führt zur zweiten wichtigen Aussage, daß jede wirksame Komponente zur passiven Solarenergienutzung einer Regelungseinrichtung
bedarf.

Die Regelungseinrichtung kann je nach Anwendung verschiedene Aus-
führungsformen haben. Sie kann entweder eine Unterbrechung der Bestrahlung oder des Wärmestroms oder beides bewirken. Die Regelung
kann ebenfalls passiv oder aktiv sein. Das beste Beispiel für eine
passive Regelung ist ein überstehendes Dach bei einem Südfenster
(Abb. 9.5).

Südorientierte Glasfläche als Sonnenkollektor

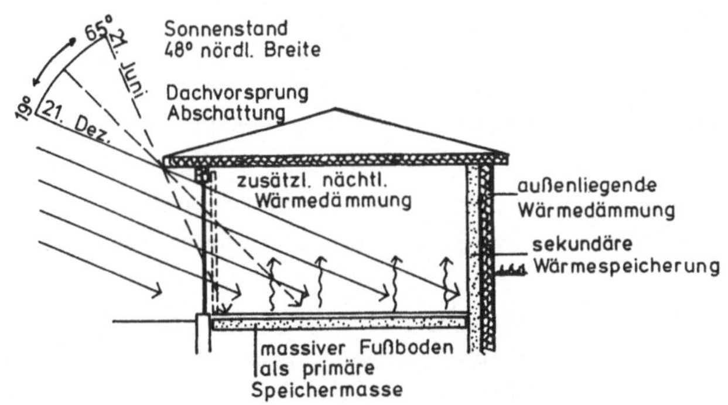

Abb. 9.5: Beispiel einer passiven Regelungseinrichtung:
Vorstehendes Dach über einem Südfenster

Diese Art der Abschattung steuert nur die direkte Sonnenstrahlung,
die allerdings im Winter auf der Südfassade den größten Teil der
Strahlungsenergie ausmacht. Diese unkomplizierte Regelung wird
seit langem benützt und zeichnet sich vor allem durch Einfachheit
und absolute Zuverlässigkeit aus. Sie hat aber auch folgende Nachteile:

keine Feinregelung während der Wintersaison;

die Regelung ist jahreszeitlich symmetrisch, während die
Heizsaison dies nicht ist (Maximum im Januar und Februar);

die diffuse Himmelsstrahlung wird teilweise abgeschattet.

Auch laubabwerfende Pflanzen, die im Sommer abschatten und im Winter weitgehend transparent für Solarstrahlung sind, können als passive Regelungseinrichtungen bezeichnet werden. Aber auch damit ist keine Feinregelung möglich.

Die sonst angewandten Regelungseinrichtungen bestehen aus Vorhängen, Jalousien und Rollos, die fast immer von Hand bedient werden. Für ein optimales Funktionieren der passiven Solarenergienutzung wäre jedoch eine automatische Regelung vorzuziehen. Diese exi - stiert heute noch nicht in der erforderlichen Qualität und Zuverlässigkeit. Daraus folgt, daß für eine konsequente Nutzung der passiven Solarenergie die Entwicklung von automatischen, absolut zuverlässigen, wartungsfreundlichen und preisgünstigen Regelungseinrichtungen notwendig ist.

9.3   Fenster

Das Fenster, einschließlich seiner zusätzlichen Elemente, gehört zu den wichtigsten Komponenten der passiven Nutzung der Solarenergie. Durch gezielte Beeinflussung des Energiedurchlaßgrades an Fenstern lassen sich je nach Bedarf solare Energiegewinne erzielen, Wärmeverluste reduzieren oder die sommerliche Überhitzung vermeiden.

Die Beeinflussung der Energieströme ist durch stationäre und durch temporäre Maßnahmen möglich. Zu den stationären Maßnahmen gehört die Mehrfachverglasung. Durch Mehrfachverglasung lassen sich die Wärmedämmeigenschaften von Fenstern beträchtlich verbessern. Dies geschieht einerseits durch Schaffung von Luftzwischenräumen, andererseits durch Reduktion des Wärmeübergangs infolge von Wärmestrahlung. Nachteilig bei Mehrfachverglasung sind der erhöhte Aufwand an Glas, die erhöhten Aufwendungen durch die Gewichtszunahme der gesamten Fensterkonstruktion und die Reduktion des Gesamtenergiedurchlaßgrades infolge der physikalischen Reflexion der Solarstrahlung an der Glasoberfläche.

Eine weitere stationäre Maßnahme stellt die Verwendung selektiver Beschichtungen dar. Diese Schichten reduzieren einerseits die Transparenz für den kurzwelligen IR-Anteil der Solarstrahlung (bis zu ca. 50%) und verhindern so Überhitzung im Sommer, andererseits verursacht die Reflexion der längerwelligen Raumwärmestrahlung

auch eine deutliche Verringerung des k-Wertes derartiger Fenster-
konstruktionen. Forderungen an die Farbneutralität solcher Schichten konnten in der Vergangenheit kaum erfüllt werden. Inzwischen
sind jedoch neue Schichten auf dem Markt, die den "Idealvorstel-
lungen" schon sehr nahe kommen. Auch Schichten mit hohem Transpa-
renzgrad für Solarstrahlung bei kleinem k-Wert des Fensters sind
inzwischen technisch herstellbar. Derartige Elemente erhöhen zwar
die Solarenergienutzung im Winter, verschärfen aber gleichzeitig
das Problem der sommerlichen Überhitzung. Tabelle 9.1 zeigt eine
Zusammenfassung der Kenndaten verschiedener Verglasungen.

Tabelle 9.1: Typische Kenndaten verschiedener Verglasungen

	k-Wert (W/m^2K)	Transmissions-grad (Licht)	Transmissions-grad (Strahlung)
1 Scheibe	6	0,885	0,81
2-Scheiben-Isolierglas	3	0,79	0,675
3-Scheiben-Isolierglas	2	0,71	0,57
2 Scheiben (selektiv) mit Argonfüllung	1,3	0,70	0,55

Die genannten Probleme können durch Verwendung temporärer Maßnahmen beseitigt oder zumindest verringert werden. Temporäre Maßnahmen werden sowohl für Sonnenschutz als auch zur Erhöhung des Wär-
meschutzes verwendet. Sie sind wichtige Bestandteile der passiven
Solarenergienutzung und erlauben die Anpassung der Transmissions-
eigenschaften an den aktuellen Bedarf. Ferner ergänzen sie stati-
sche Maßnahmen (Mehrfachverglasung, selektive Beschichtung), die
nur für einen Anwendungsfall optimal ausgelegt werden können.
Wichtigste Regelelemente in der Praxis sind außenliegende Jalousien, Rolläden, Klapp- und Schiebeläden sowie Elemente im Schei-
benzwischenraum.
Diese Elemente können bei geeigneter Ausführung einen wirksamen
Sonnen- und Wärmeschutz darstellen. Abbildung 9.6 zeigt die Abhängigkeit des k-Wertes eines Doppelfensters in Abhängigkeit vom
Abstand der Scheiben. Zusätzlich eingetragen ist der Einfluß eines
beidseitig mit Aluminium beschichteten Rollos in der Mitte zwischen den Scheiben als temporärer Wärmeschutz.

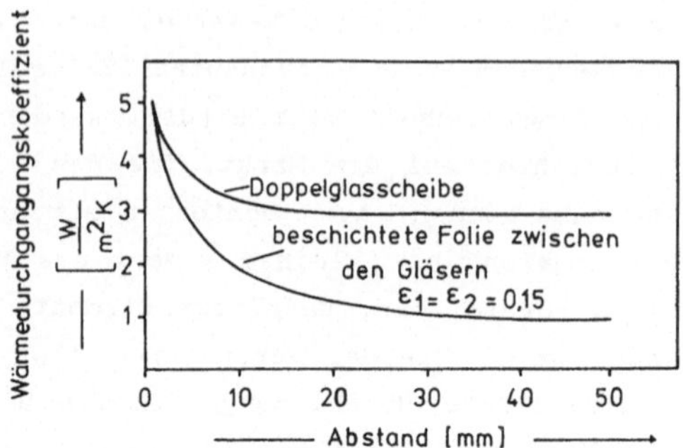

Abb. 9.6: Abhängigkeit des Wärmedurchgangskoeffizienten eines
Doppelfensters vom Abstand der Scheiben und Einfluß einer reflektiv beschichteten Folie zwischen den Scheiben

Für das Fenster allein erhält man bei etwa 20 mm Abstand einen Mi-
nimalwert. Bei größerem Abstand verhindert einsetzende Konvektion
die weitere Abnahme der Wärmeleitung. Durch die zusätzliche IR -
reflektierende Folie wird zum einen der Strahlungstransport drastisch reduziert, andererseits läßt sich der Abstand zwischen den
Fenstern weiter vergrößern, ohne daß Konvektion einsetzt. Insgesamt ergibt sich eine Reduzierung der Wärmeverluste während der
Nacht um etwa einen Faktor 3 im Vergleich zu herkömmlichen Fenstern /46/.

9.4 Glasvorbauten (Wintergärten)

Auch über Glasvorbauten ist bereits eine Fülle von Informationen
verfügbar. Nach heutiger Kenntnis bringen Glasvorbauten nicht mehr
an Energiegewinn als Südfenster in einem Gebäude, sind aber mit
einem höheren finanziellen Aufwand verbunden. Trotzdem können
derartige Glasvorbauten, wenn sie als Wintergärten genutzt werden,
einen Zugewinn an attraktivem Wohnraum bringen und sind unter dem
Gesichtspunkt des Zusatznutzens auch wirtschaftlich vertretbar.

9.5 Trombewand

Das Prinzip der Trombewand ist in Abb. 9.7 skizziert: Hinter einer
nach Süden ausgerichteten Verglasung befindet sich eine massive,
schwarz eingefärbte Speicherwand. Diese erwärmt sich an sonnigen

Tagen und speichert die Wärme, die in kalten Nächten oder an trüben Tagen an den Wohnraum abgegeben werden kann. Die Entladung der
gespeicherten Wärme kann durch ein Gebläse unterstützt werden.

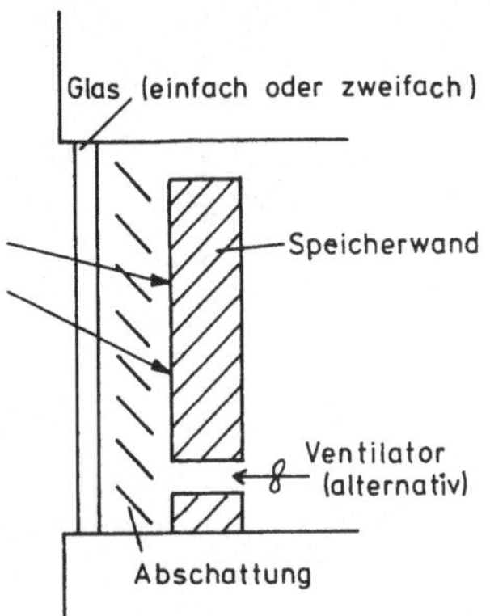

Abb. 9.7: Prinzipdarstellung der Trombewand

Nächtliche Wärmeverluste können durch eine temporäre Wärmedämmung
zwischen Speicherwand und Verglasung reduziert werden. Die Trombewand wurde bisher vor allem in den USA versuchsweise eingesetzt.
Im mitteleuropäischen Klima hat sie nicht den erwarteten Nutzen
gebracht.

9.6 Transparente Wärmedämmung an Fassaden

Ein sehr einfaches und potentiell ebenso effektives Konzept ist
das der transparenten Wärmedämmelemente an Fassaden. Es ist in der
Funktion der Trombewand sehr ähnlich, unterscheidet sich aber
dadurch, daß es an nahezu allen Fassaden von außen angebracht
werden kann. Insbesondere ist es zur Nachrüstung von Altbauten
geeignet. Das Prinzip zeigt Abb. 9.8. Eine Schicht aus trans-
parentem Wärmedämmaterial wird vor einer Fassade angebracht.
Sonnenstrahlung kann das Material ungehindert durchdringen und
wird an der als Absorber ausgebildeten Wandoberfläche absorbiert.
Von der so gewonnenen Wärmeenergie fließt je nach den Wärme-
transporteigenschaften von Isolation und Wand ein entsprechender
Anteil nach innen und dient zum Ausgleich der Wärmeverluste oder
sogar als Beitrag zur Gebäudeheizung.

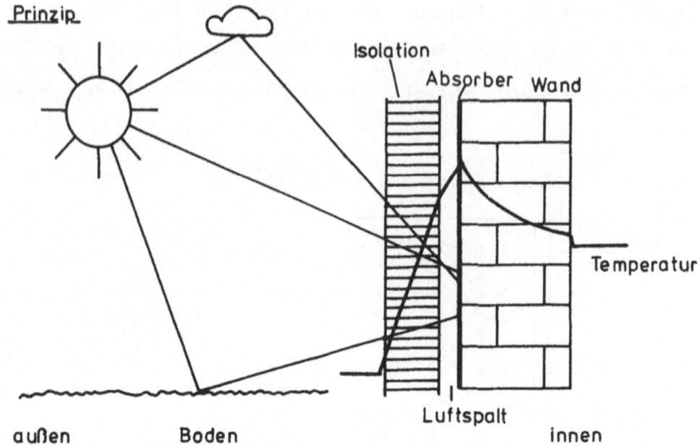

Abb. 9.8: Prinzip der lichtdurchlässigen Wärmedämmung vor einer
Fassade

Folgende Vorteile sind mit dem Konzept verbunden:

1. Möglichkeit der Nutzung der Solarstrahlung an allen vier Seiten
eines Gebäudes

2. Der Wärmespeichereffekt von massiven Wänden kann genutzt werden.

3. Wegen der Wärmediffusion durch die Wand treten praktisch keine
Temperaturschwankungen im Gebäudeinneren auf.

4. Heizung durch erwärmte Wände wirkt günstig auf das Strahlungs-
klima in Innenräumen.

5. Leichte Nachrüstung von Altbauten

Es sollte an dieser Stelle darauf hingewiesen werden, daß das Konzept für Großanwendungen noch nicht anwendungsreif ist. Folgende
Probleme sind noch zu lösen:

1. Optimierung der Materialien bezüglich Transparenz, Brandschutz,
Schallschutz, Lebensdauer usw.,

2. Entwicklung von Regelelementen, die Schutz vor Überhitzung im
Sommer und Feinregelung in der Übergangszeit gewährleisten,

3. Architektonische Probleme.

Der Wirkungsgrad für die Umwandlung der Strahlung in Nutzenergie
läßt sich für Langzeitbetrachtungen aus dem einfachen thermischen
Ersatzschaltbild (Abb.9.9) ableiten. Ausgehend von den Wärmeströmen q_I und q_W läßt sich folgende Bilanz aufstellen:

$$q_W = k_W \, (\, T_R - T_S \,), \quad q_I = k_I \, (\, T_S - T_A), \quad q_I = q_W + S$$

mit $S = \tau \cdot \alpha \cdot G$ (Anteil der globalen Einstrahlung, der von Wand absorbiert wird). Die Substitution von T_S ergibt:

$$q_W = (\, k_W \, / \, (\, k_W + k_I \,)) \, (\, k_I \, (\, T_R - T_A \,) - S \,)$$

Man erkennt hier schon, daß für $S > k_I \, (\, T_R - T_A \,)$ Wärme ins Haus fließt. Der Wirkungsgrad für die Einstrahlung G bestimmt sich zu:

$$(9.1) \qquad \eta = \tau \cdot \alpha \, (\, 1 + k_I \, / \, k_W \,)^{-1}$$

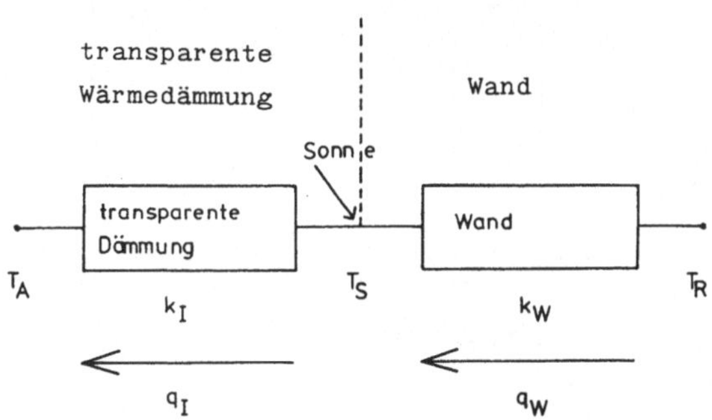

Abb. 9.9:Vereinfachtes thermisches Ersatzschaltbild der
transparenten Wärmedämmung

Aus obiger Beziehung folgt, daß der Wirkungsgrad um so höher wird,
je geringer die Wärmedämmung der ursprünglichen Wand und je besser
die der vorgehängten Materialien ist.
Erste positive experimentelle Ergebnisse an Versuchsbauten und be-
wohnten Häusern liegen bereits vor (siehe Kap.14) /48/49/.
Abbildung 9.10 zeigt experimentelle Ergebnisse von Untersuchungen
an der Westfassade eines Wohnhauses in Freiburg für eine Februar-
woche im Winter 1985 (siehe auch Abb.9.3) Man erkennt deutlich die
größten Wärmeflüsse ins Hausinnere während des Tages, die die
Wärmeverluste während der Nacht weitgehend kompensieren und somit
auch unter diesen extremen Witterungsbedingungen zu einer
ausgeglichenen Energiebilanz führen.

Das langsame Abklingen der Absorbertemperatur nach schönen Tagen (Donnerstag - Sonntag) macht eine Aussage über das Speicherverhalten der Wand. Bei massiv gebauten Altbauten liegt die Speicherfähigkeit typisch im Bereich von 2 - 3 Tagen.

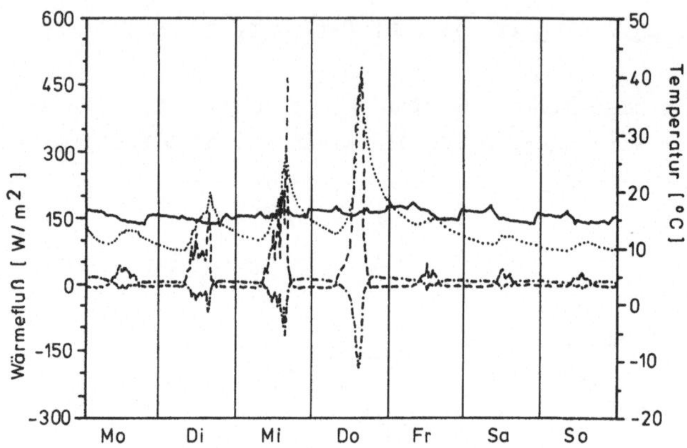

Abb. 9.10: Experimentelle Werte für die Westfassade eines Wohnhauses in Freiburg im Februar 1985

•••• Absorbertemperatur

——— Innenwandtemperatur

–•–• Wärmefluß durch die Wand

– – – – Einstrahlung auf die Fassade

In Abbildung 9.11 sind die Tages-Mittelwerte für die ersten drei Monate des Jahres 1985 für den gleichen experimentellen Aufbau dargestellt.

Die oberste Kurve zeigt den mittleren Wärmefluß durch die unveränderte Westfassade des Testhauses. Die ursprüngliche Wand besitzt einen k-Wert von 1 W/m^2K. Die gestrichelte Kurve zeigt den berechneten Verlauf bei Zufügung einer opaken Wärmedämmung (Gesamt-k-Wert 0,56 W/m^2K).

Die schwarze Kurve gibt die Meßwerte für die transparent wärmegedämmte Fassade wieder (Gesamt-k-Wert ebenfalls 0,56 W/m^2K). Man erkennt deutlich die weitere Reduzierung der Wärmeverluste. Mit Fortschreiten der Jahreszeit (die Einstrahlung auf die Westfassade wird drastisch höher) tauchen immer mehr Tage mit negativem Wärmefluß auf. Das heißt, an diesen Tagen fließt Wärme ins Haus, die zur

Heizung und Deckung von Lüftungsverlusten genutzt werden kann. Nimmt man vereinfacht an, daß sämtliche Energiegewinne voll genutzt werden können, so ergibt sich für diese Fassade eine Reduzierung des Wärmeverlustes um 90% gegenüber der ungedämmten Wand.

Dies zeigt das hohe Energieeinsparpotential dieses Prinzips. An Südfassaden ergeben sich entsprechend der höheren Einstrahlung noch größere Energiegewinne.

Das Problem der Überhitzung, welches sich durch die großen negativen Wärmeflüsse im März schon andeutet, kann durch passive Maßnahmen und aktive Regelmechanismen gelöst werden.

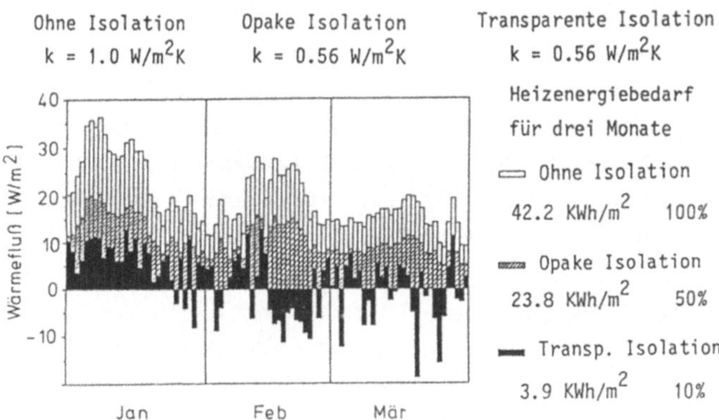

Abb. 9.11: Vergleich des Wärmeverbrauchs einer Westfassade für unterschiedliche Wärmedämmungen (experimentelle Werte)

Die Entwicklung der transparenten Wärmedämmaterialien, der Elemente und der Systemtechnik ist zur Zeit im Gange. Bei Einsatz dieses Konzeptes können erhebliche Einsparungen an Primärenergie für die Gebäudeheizung erwartet werden.

10.   Speicherung thermischer Energie

Wie
bereits in den Kapiteln 1 und 9 gezeigt, liegt das größte Potential
zur Nutzung der Sonnenenergie in unseren Klimazonen im Bereich der
Heiz- und Brauchwasserwärme. Neben dieser Niedertemperaturanwen-
dung gibt es im Prinzip auch Hochtemperaturanwendungen in Solar-
turmkraftwerken, diese werden jedoch in unseren Klimabereichen
sicher nie eine große Rolle spielen und werden daher in diesem
Buch nicht detailliert behandelt /50/51/.
Die Speicherung von Sonnenenergie in jeglicher Form bildet in
mittleren Breiten ein zentrales Problem der Sonnenenergienutzung,
denn der Großteil der Sonnenstrahlung fällt zu Tages- bzw. Jahreszeiten ein, in denen sie nicht direkt genutzt werden kann.
Prinzipiell muß man zwei verschiedene Speichertypen unterscheiden:

    Kurzzeitspeicher: Stunden bis einige Tage

    Langzeitspeicher: Wochen bis einige Monate

Die wichtigsten Methoden, Wärme zu speichern, sollen im folgenden
besprochen werden. Dies sind: der bereits im heutigen Hei-
zungsbau eingesetzte Warmwasserspeicher, der schon auf relativ
hohem Entwicklungsniveau stehende Latentspeicher und langfristig
der thermochemische Speicher, der sich jedoch noch weitgehend im
Grundlagenstadium befindet.

10.1   Warmwasserspeicher

Der Warmwasserspeicher wird heute, aufbauend auf den Ergebnissen
der konventionellen Heizungstechnik, vor allem in Verbindung mit
Sonnenkollektorsystemen zur Brauchwassererzeugung eingesetzt. Das
Speichervolumen liegt bei Einfamilienhäusern im Bereich zwischen
300 und 1000 Litern und deckt damit maximal den Energiebedarf für
einige Tage. Dementsprechend muß seine Isolation ausgelegt sein.

Die Abkühlung eines derartigen Speichers verläuft durch Wärmeleitung nach der einfachen Beziehung:

$$(10.1) \qquad \Delta T = (\Delta T)_0 \, \exp(-6kt/d\rho c_p)$$

Hierbei bedeuten:

ΔT die Temperaturdifferenz zwischen Speichermedium und Umgebung

$(\Delta T)_o$ die Temperaturdifferenz zu Beginn der Abkühlung

k den k-Wert der Wärmeisolation: $k = \lambda/b$

       mit λ = Wärmeleitfähigkeit und

         b = Dicke der Isolationsschicht

t die Zeit

d die Kantenlänge des (kubischen) Speichers

ρ die Dichte des Speichermediums $\rho_{H_2O} = 1$ Kg/l

c_p die spezifische Wärme des Speichermediums

$$c_{p\,(H2O)} = 4180 \text{ Wsec/kgK}$$

Abb. 10.1 zeigt den Verlauf der Abkühlung eines Wassertanks mit $k = 1W/m^2K$ und d = 1m, das heißt, 1000 Liter Inhalt. Wichtig ist die sogenannte Temperaturspreizung, also die verwendbare Temperaturdifferenz zwischen maximaler und minimaler Speichertemperatur. Die obere Temperatur ist in diesem Fall 90°C, um nicht zu nahe an die Siedetemperatur des Wassers zu geraten, die untere Temperatur 45°C. Der Speicher im Bild hat nach 160 Stunden allein durch Abkühlungsverluste seinen Energieinhalt verloren. Bei Entnahme von Nutzungsenergie würde die Abkühlung entsprechend schneller vonstatten gehen.

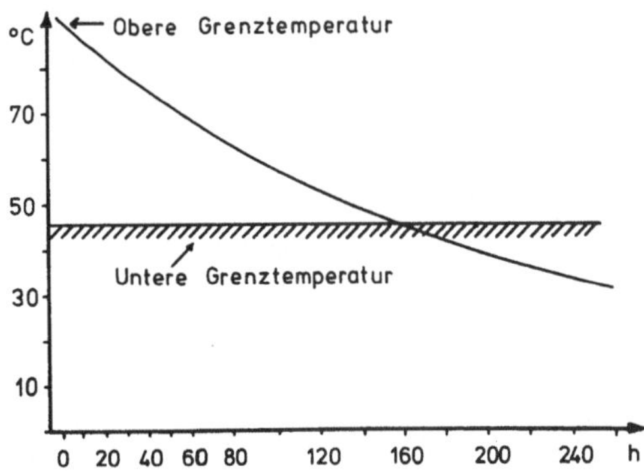

Abb. 10.1: Abkühlung eines Wasserspeichers

Aus Formel 10.1 geht hervor, daß die Zeitkonstante der Abkühlung durch Materialeigenschaften wie Dichte und spezifische Wärme sowie durch Speicherisolation und Speicherdimensionen bestimmt wird. Durch bessere Wärmedämmung läßt sich die Speicherzeit nur bedingt erhöhen, da Wärmeverluste nicht nur durch die Wände, sondern auch durch Zuleitungen und Halterungen entstehen. Keine praktischen Grenzen existieren hingegen bei der Speichergröße. Die Bedeutung der Speichergröße läßt sich auch folgendermaßen verstehen: Der Wärmeinhalt des Speichers steigt mit dem Volumen, d. h. mit der dritten Potenz des Speicherdurchmessers, die Verluste steigen mit der Oberfläche, die nur mit dem Quadrat des Durchmessers zunimmt. Daher geht die Entwicklungslinie in Richtung auf saisonale Großspeicher, die Felskavernen, Grundwasserstratifikationen und Speicherseen zu diesem Zweck heranziehen. Damit kann in der Tat Wärmeenergie für ein halbes Jahr gespeichert werden, allerdings nur mit Hilfe einer zentralisierten Anlage mit Fernwärmeleitungen von und zum Speicher. In Schweden sind derartige Konzepte bereits realisiert worden /52/.

Vielfach zieht man jedoch eine dezentrale Speicherung vor. Hierzu wurden neben den beschriebenen Wasserspeichern andere Speicher für sogenannte fühlbare Wärme, wo sich der Energieinhalt einfach als Differenz zur Umgebungstemperatur ausdrückt, verwendet. Insbesondere Steinschüttungen und Erdreich sind bereits untersucht worden. Das Problem all dieser Speicher bleibt jedoch die zu schnelle Abkühlung, so daß sie bei vertretbaren Dimensionen immer zu rasch die Wärme verlieren /53/.

10.2   Latentspeicher

Den Ausweg aus dieser Problematik sucht man heute mit neuen Speichermaterialien , die es ermöglichen, Wärme zu speichern, ohne daß sehr weit über der Umgebungstemperatur liegende Temperaturen auftreten. Diese Bedingung erfüllen teilweise die Latentspeicher und voll die thermochemischen Speicher.
Latentwärmespeicher nutzen die Energien, die Speichermaterialien während einer Phasenänderung aufnehmen oder abgeben. Beispiele für Phasenänderungen sind das Erstarren vom flüssigen Wachs einer tropfenden Kerze oder das Verdampfen von Wasser während des Kochens.
Zur Speicherung von Niedertemperaturwärme für Heizzwecke ist besonders die Phasenumwandlung fest-flüssig geeignet, da die

Volumen- und Druckänderungen relativ klein bleiben. Der Phasenwechsel flüssig-gasförmig wird im technischen Maßstab in Form von
Heißdampfspeichern bereits eingesetzt, jedoch ist der apparative
Aufwand relativ groß, da große Volumina und hohe Drücke beherrscht
werden müssen. Der Einsatz dieser Speicher ist daher auf industri-
elle Anwendung beschränkt.
Die bei Phasenumwandlungen auftretenden Energien sind erheblich
größer als reine Wärmekapazitäten. Genutzt wird dieser Effekt im
täglichen Leben vor allem im Bereich der Kühlung (Eiswürfel).

Wasser mit seiner hohen Schmelzwärme - um ein Kilogramm aufzu-
tauen, muß ein Liter 84°C-heißen Wassers dazugekippt werden - ist
im Prinzip ein recht günstiges Speichermedium. Es hat jedoch den
Nachteil, daß die Speicherkapazität bei 0°C zur Verfügung steht.
Dieses Temperaturniveau ist zwar für Kühlzwecke geeignet, aber für
Raumheizungen nur beschränkt. In Verbindung mit Wärmepumpen können
auch Eis/Wasser-Speicher eingesetzt werden, jedoch mit erheblichen
Investitionskosten /54/.
Ein für Niedertemperaturwärmespeicherung geeignetes Material
sollte nicht nur eine hohe Phasenumwandlungswärme, sondern auch
einen Schmelzpunkt haben, der in dem für Hausheizungen interessanten Temperaturbereich zwischen 30 und 100°C liegt.
Wichtige Informationen über das Verhalten von möglichen Speichermaterialien werden aus Erstarrungskurven gewonnen. In diesen Kurven wird die Temperatur des Materials über die Zeit aufgetragen,
wobei der Übergang von dem schmelzflüssigen in den festen Zustand
erfolgt.
Abb. 10.2 zeigt in idealisierter Darstellung den Temperaturverlauf
des Speichermaterials beim Entladen des Wärmespeichers. Zum Zeitpunkt I ist der Speicher voll geladen, und die Temperatur der
Schmelze liegt über der Erstarrungstemperatur. Wird nun Wärme entnommen, so kühlt sich die Schmelze entsprechend ihrer Wärmekapazität ab und erreicht den Punkt II. Die Gerade zwischen II und III,
die eine konstante Temperatur darstellt, ist das Typische für
einen Latentwärmespeicher. Die Temperatur bleibt stabil, da die
aus dem Speicher entnommene Wärme durch die Phasenumwandlung von
flüssig nach fest aufgebracht wird. Erst wenn das gesamte Material
erstarrt ist (Punkt III), sinkt die Temperatur wie beim Wasser-
speicher bei weiterem Wärmeentzug.

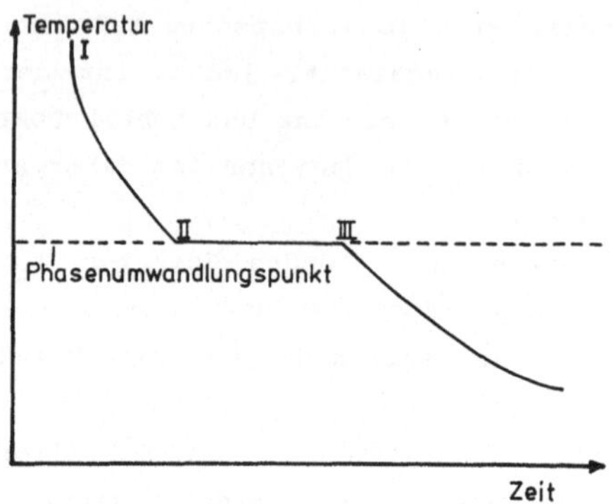

Abb. 10.2: Abkühlung eines Latentspeichers

Dieses ideale Verhalten ist mit realen Stoffen bei praktisch brauchbaren Lade- und Entladezeiten nicht zu verwirklichen. Einige ausgewählte Latentspeichermaterialien sind in Tabelle 10.1 zusammengestellt.

Die praktische Anwendung von Latentspeichermaterialien stößt auf einige Probleme, und es müssen eine Reihe von Kriterien erfüllt sein:

1. niedriger Materialpreis
2. große Schmelzwärme
3. Umweltverträglichkeit
4. geeigneter Schmelzpunkt
5. Zyklenstabilität
6. geringe Unterkühlung
7. gute Wärmeleitung
8. kleine Volumenänderung

Latentwärmespeicher mit ihrem im Vergleich zum Öl immer noch geringen Energieinhalt müssen billig und im Haushalt einsetzbar sein. Daraus ergeben sich die Anforderungen 1 - 4.

Tabelle 10.1:   Latentspeichermaterialien

Stoff	Schmelzpunkt ^{o}C	Schmelzwärme Wh/kg	Wh/l
Wasser (H_2O)	0	93	92
Glaubersalz $(Na_2SO_4 \; 10H_2O)$	32	70	96
Bariumhydroxidoctahydrat $(Ba(OH)_2 \; 8H_2O)$	78	78	160
Paraffine	22-67	52	41

Für die Betriebskosten spielen nicht nur die Anfangsinvestitionen eine Rolle, sondern auch die Kosten pro durchgesetzter Wärmeeinheit. Ein wirtschaftlicher Speicher erfordert daher eine hohe Zyklenstabilität des Materials, wobei Zyklenzahlen von 1000 bis 2000 angesetzt werden. Niedrigere Zyklenzahlen von ca. 30 würden für saisonale Speicher reichen, jedoch ist bei so wenigen Zyklen die Wirtschaftlichkeit kaum zu erreichen. Leider gibt es hier bei vielen Materialien Probleme, wie z. B. beim Glaubersalz, bei dem sich schon nach wenigen Zyklen die entnehmbare Wärmemenge verringert. Die Ursache ist in Entmischungsvorgängen zu suchen, und es wird weltweit intensiv daran gearbeitet, solche Reaktionen durch spezielle Zusätze oder Verfahrensführung zu verhindern.
Das Stichwort "geringe Unterkühlung" deutet eine weitere Schwierigkeit an, die beim Phasenübergang von Latentwärmematerialien auftritt. Bei vielen Stoffen ist während der Entladung des Speichers die Kristallisation aus der Schmelze verzögert. Die Umwandlung findet nicht an dem thermodynamischen Schmelzpunkt, sondern erst bei einer tieferen Temperatur statt. Die Temperaturdifferenz kann 10-20°C betragen. Die Unterdrückung des Effektes der Unterkühlung wird vor allem durch Zugabe von Impfkristallen versucht. Die Impfkristalle, die gleichmäßig der Schmelze zugegeben werden müssen, lösen die Kristallisation aus. Verfahrenstechnisch ist die gleichmäßige Verteilung der Impfkristalle häufig schwierig und wird zum Beispiel durch Rührwerke oder durch Fixierung des Speichermaterials in kleinen Bereichen realisiert.
Thermische Speicher haben nicht nur die Aufgabe, Wärme zu speichern, sondern diese Wärme muß auch innerhalb einer vernünftigen

Zeit entnehmbar bzw. zuführbar sein. Dazu muß das Speichermaterial einige Bedingungen erfüllen, damit der Wärmeaustausch mit überschaubarem technischen Aufwand durchgeführt werden kann. Wichtig sind hier die Wärmeleitung des festen Speichermaterials und die Volumenänderung beim Phasenwechsel. Ist die Wärmeleitung des erstarrten Materials sehr schlecht, dann verhindern die festen Schichten, die sich zu Beginn der Entladung zuerst auf den Wärmetauschern bilden, eine weitere Entladung. Auch starke Volumenänderungen bei Phasenwechsel sind ungünstig für den Wärmeaustausch, da durch die spezielle Anordnung der Austauscher in jedem Zustand der Kontakt des Mediums zum Wärmeaustauscher gewährleistet sein muß. Weiterhin verteuert sich bei großen Volumenänderungen der Bau der Speicherbehälter, da die auftretenden Kräfte aufgefangen werden müssen.

Aus dieser Aufstellung der Schwierigkeiten, die mit dem Bau von Latentwärmespeichern verbunden sind, ist ersichtlich, daß die technische Realisierung wirtschaftlicher und zuverlässiger Speicher keine einfache Aufgabe ist. Es wird daher sicherlich, trotz intensiver weltweiter Anstrengungen, noch einige Jahre dauern, bis solche Systeme in einer für breite Anwendungen geeigneten Qualität auf den Markt kommen.

Latentwärmespeicher und kapazitive Speicher, wie der Warmwasserspeicher, haben eine Gemeinsamkeit: Beide benötigen zur Energiespeicherung eine Wärmeisolation. Sinkt während der Speicherperiode aufgrund der thermischen Verluste die Speichertemperatur ab, dann ist der Speicher entladen. Speicherzeiten von Stunden und Tagen erfordern eine aufwendige Isolation der Behälter.

10.3 Chemische Speicher

Um diese teuren Isolationen zu umgehen und um thermische Speicher zu bauen, die keine Selbstentladung auch über längere Zeiten zeigen, wird intensiv nach geeigneten chemischen Speichern gesucht. Unter chemischen Speichern versteht man die Kombination von Materialien, die reversibel miteinander chemisch reagieren und dabei Wärme abgeben oder aufnehmen. Der große Vorteil chemischer Wärmespeicher ist darin zu sehen, daß die Reaktionspartner, solange sie getrennt sind, bei Normaltemperatur und über sehr lange Zeit gespeichert werden können, ohne an Energieinhalt zu verlieren. Erst wenn der Speicher entladen werden soll, werden die Reaktionspartner zusammengefügt, und die ablaufende chemische Reaktion erzeugt die Wärme. Chemische Wärmespeicher haben weitere große Vorteile, wie höhere Energiedichte (doppelt so hoch wie bei Latentwärmematerialien) und Transportfähigkeit.

Allen diesen Vorzügen steht jedoch entgegen, daß die Forschung auf diesem Gebiet noch so weit unterentwickelt ist, daß es bisher nur ansatzweise technische Konzepte für praktisch einsetzbare chemische Wärmespeicher gibt.

In Abb. 10.3 ist das Prinzip eines chemischen Wärmespeichers gezeigt. Im geladenen Zustand sind die Reaktionspartner in zwei Speicherbehälter getrennt. Bei der Entladung reagieren die Stoffe A und B miteinander exotherm, und die Reaktionswärme wird dem Reaktor über Wärmetauscher entzogen. Der Verbraucher kann zum Beispiel eine Hausheizung sein. Die Reaktionsprodukte AB werden in einem Behälter gelagert, solange keine Energiequelle zur Verfügung steht. Ist der chemische Wärmespeicher in eine Solaranlage eingebaut, so wird bei Sonnenschein die durch Kollektoren eingefangene Energie einem zweiten Reaktor zugeführt, in dem die Reaktionsprodukte AB endotherm getrennt werden in die beiden Ausgangsstoffe A und B. Damit ist der Speicher wieder geladen.

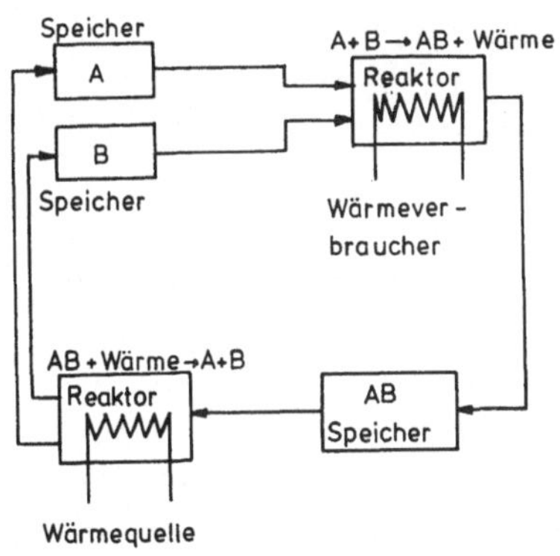

Abb. 10.3: Prinzip eines thermochemischen Speichers

In praktischen Anlagen wird meist nur mit einem Reaktor gearbeitet, dem beim Laden und Entladen Wärme zu- bzw. abgeführt wird.

Die Hauptschwierigkeit der chemischen Wärmespeicherung liegt in dem Auffinden der geeigneten chemischen Reaktionen aus den unendlich vielen chemischen Reaktionen, die möglich sind.

Bei der Auswahl ist darauf zu achten, daß eine Reihe von Kriterien erfüllt sein müssen, wobei die Anforderungen teilweise ähnlich sind wie bei den Latentwärmespeichern.

Die wichtigsten Punkte sind, daß die Reaktionswärmen groß sind, die Temperaturen im gewünschten Bereich liegen, die Reaktion auch nach Hunderten von Zyklen noch reversibel ist, die Reaktionsgeschwindigkeiten schnell genug sind, um in einer praktisch sinnvollen Zeit die Wärme entnehmen zu können, und daß das System billig und sicher ist.

Diese Anforderungen sind recht scharf, und bei näherer Betrachtung potentieller Reaktionen wird heute allgemein festgestellt, daß unsere Kenntnisse über diese Reaktionen für einen Einsatz zur Wärmespeicherung noch äußerst mangelhaft sind.

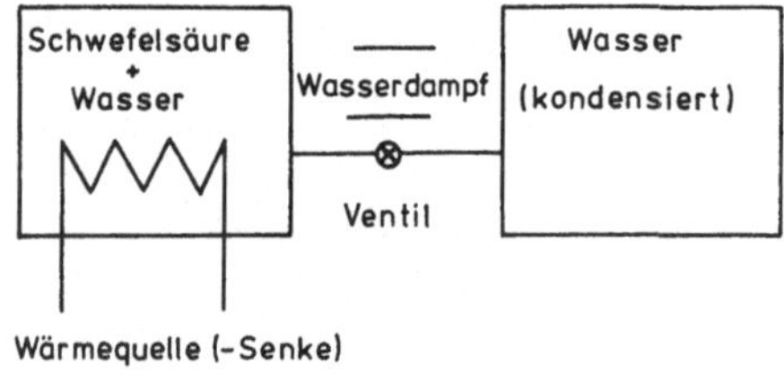

Abb. 10.4: Prinzip des Schwefelsäure-Wasser-Speichersystems

Am intensivsten wurden in den letzten Jahren Reaktionen untersucht, bei denen eine Kondensation bzw. Verdampfung stattfindet. Dabei ist einer der Reaktionspartner A oder B fest oder flüssig und der andere gasförmig. Das Reaktionsprodukt kann fest oder auch flüssig sein. Der Vorteil dieser Reaktionen ist, daß ein Stoff seine Phase ändert - das Gas kondensiert -, und dabei wird, wie beim Latentwärmespeicher beschrieben, eine relativ große Umwandlungsenergie zusätzlich zur eigentlichen Reaktionsenergie frei. In Abb. 10. 4 ist am Beispiel des Systems Schwefelsäure/Wasser gezeigt, wie einfach ein thermochemischer Speicher mit einem gasförmigen Reaktionspartner im Prinzip aufgebaut sein kann.

Eine Wärmequelle, zum Beispiel Sonnenenergie, wird genutzt, um durch Erhitzen der verdünnten Schwefelsäure das Wasser auszutreiben und die Konzentration zu erhöhen. Wenn die maximale Konzentration erreicht ist, dann ist der Speicher voll, und durch Schließen des Ventils kann der Energieinhalt beliebig lange gespeichert bleiben. Die Entladung des Speichers erfolgt durch Öffnen des Ventils , wodurch die Schwefelsäure unter Wärmeabgabe wieder verdünnt wird. Die in dem Wasserbehälter zur Verdampfung des Wassers aufzubringende Wärme wird im Idealfall vollständig der Umgebung entzogen. Wird aus Umgebungswärme Nutzwärme von höherer Temperatur gemacht, dann geschieht dies mit einer Wärmepumpe. Wie aus dem Beispiel des Systems Schwefelsäure/Wasser ersichtlich, können viele thermochemische Reaktionen zur Energiespeicherung und auch zum Wärme Pumpen verwendet werden. Einige weitere Beispiele für thermochemische Reaktionen sind in Tabelle 10.2 aufgeführt.

Tabelle 10.2: Thermochemische Speicher

Reaktion	Energiedichte (ohne Wasser) Wh/l
Zeolith/Wasser	175
Schwefelsäure/Wasser	1000
Ammoniak/Wasser	450

Die Werte für die Energiedichten sind von den Betriebsbedingungen abhängig und können daher, je nach Anwendung, von den angegebenen Zahlen nach oben oder unten abweichen.

Die hohen Energiedichten und der wesentliche Vorteil der Langzeitspeicherung ohne Selbstentladung machen die chemische Wärmespeicherung sehr attraktiv. Leider sind die bisherigen Forschungsanstrengungen auf diesem wichtigen Gebiet noch sehr gering. Es gibt weltweit, auch in Deutschland, einige kleinere Arbeitsgruppen, die sich mit diesem Thema befassen. Aber die Kapazitäten dieser Gruppen reichen nicht aus, um dieses für die allgemeine Energieversorgung sehr wichtige, aber wissenschaftlich noch so wenig durchdrungene Forschungsgebiet voranzutreiben.

11.   Wärmepumpen

Wärmepumpen sind Wärmekraftmaschinen, die Wärme bei Umgebungstemperatur (d.h. Anergie) unter Zuhilfenahme von hochwertiger Energie (d.h. Exergie) in Nutzwärme von höherer Temperatur verwandeln.

Zunächst ist zu erörtern, wieso Wärmepumpen überhaupt zu den Einrichtungen für Solarenergieumwandlung zählen, da sie ja nicht die Strahlungsenergie direkt nutzen: der Input von Exergie, der bei üblichen Wärmepumpen etwa 1/3 der erzeugten Hochtemperaturwärme ausmacht, wird in den meisten Fällen nicht aus regenerativen Quellen stammen, sondern z. B. aus fossilen Energieträgern, wohl aber die Umweltenergie. Die für Wärmepumpen herangezogenen Wärmequellen sind die Wärme der Luft, des Erdreichs, des Grundwassers oder des Oberflächenwassers von Flüssen und Seen und zu einem kleinen Teil das Sonnenlicht direkt. In allen Fällen handelt es sich um (meist kurzfristig gespeicherte) Sonnenenergie. Die Umweltwärme enthält noch einen verschwindend geringen Anteil von Wärme aus dem Erdinneren. Daß aber die Sonne für die technisch nutzbare Umweltwärme verantwortlich ist, demonstriert man leicht, indem man feststellt, wie weit die Oberflächentemperatur der Erde bei fehlender Sonnenstrahlung in der Polarnacht absinkt.
Die Wirkungsweise der Wärmepumpe folgt direkt aus den Ausführungen in Kapitel 2 über Wärmekraftmaschinen und Exergie.

Es gibt zwei Arten von Wärmepumpen, nämlich die Kompressionswärmepumpe und die Absorptionswärmepumpe. Die Kompressionswärmepumpe findet man heute bereits für eine andere Anwendung in fast jedem Haushalt in Gestalt des Kühlschranks. Dort ist der Zweck die Innenraumabkühlung des Kühlschranks, wobei gleichzeitig Überschußwärme an den an der Rückseite des Kühlschranks angebrachten Wärmetauscher abgegeben wird. Beim Wärmepumpenbetrieb interessiert gerade diese beim Kühlschrank als Abfall anfallende Wärmeenergie /55/.
Der Wärmekreislauf in der Wärmepumpe wird durch ein speziell ausgewähltes Kältemittel, z. B. Frigen, bewerkstelligt. Es muß einen Siedepunkt bei niedrigen Temperaturen, aber hohem Druck besitzen. Im Diagramm von Abbildung 11.1 ist der Kreislauf des Kältemittels dargestellt.

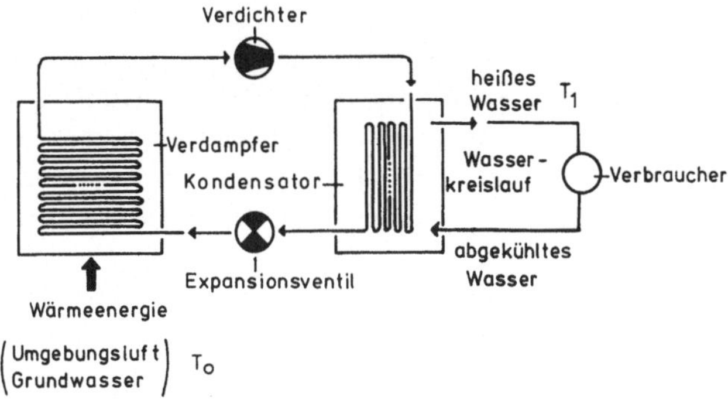

Abb. 11.1: Prinzip eines Wärmepumpenkreislaufes

Im Verdampfer nimmt das flüssige Frigen bei niedriger Umwelttempe-
ratur Wärme auf und verdampft dabei. Das gasförmige Kältemittel
gelangt in den Verdichter, wo es auf etwa 15 bar komprimiert wird
und sich dabei auf etwa 60°C erhitzt. Im Kompressor erfolgt der
Zusatz der für den Wärmepumpeneffekt erforderlichen Exergie in
Form von mechanischer Energie. Wichtig ist dabei, daß die Ver-
dampfungsenergie, die das Gas mit sich trägt, wesentlich höher ist
als die im Kompressor hinzugefügte Energie.
Der Energieinhalt des Frigens wird nun bei hoher Temperatur als
Nutzwärme abgegeben, wobei es sich verflüssigt. Über ein Drossel-
ventil, das den Druck wieder auf 3 bar erniedrigt, fließt das
Kühlmittel in den Verdampfer zurück, wo der Kreislauf von neuem
beginnt.

Für den Wirkungsgrad gelten die in Kapitel 1 dargestellten Beziehungen über den Carnotprozeß (siehe Gleichung 1.1). Bei der
Wärmepumpe wird der Wirkungsgrad in etwas abgewandelter Form
definiert:

$$(11.1) \qquad \eta_{Wp} = \frac{\text{Nutzwärme bei hoher Temperatur}}{\text{Aufgewandte mechanische Energie}} = \frac{1}{\xi}$$

Wir lassen also die aus der Umwelt angenommene Anergie, die ja an
sich wertlos ist, außer Betracht. Somit ist:

(11.2) $$\eta_{wp} = T_1 / (T_1 - T_0)$$

Der Wirkungsgrad η_{wp}, der als Leistungszahl oder Arbeitsziffer der Wärmepumpe bezeichnet wird, ist also immer größer als 1. Bei praktischen Wärmepumpen liegt η_{wp} meist in der Größe von 3, d.h. man hat erhebliche Energiegewinne im Vergleich zur direkten Verbrennung der Energieträger oder der elektrischen Widerstandsheizung.

Neben der beschriebenen Kompressorwärmepumpe gibt es noch die Absorberwärmepumpe, die ohne mechanischen Antrieb, aber dafür mit drei Temperaturniveaus arbeitet:

Einer Hochtemperaturquelle, die die Exergie liefert, einer mittleren Temperatur, bei der die Nutzenergie abgegeben wird, und einer Anergiequelle bei Umgebungstemperatur.

Der Kreislauf der Absorberwärmepumpe ist kompliziert, aber ihr Vorteil liegt darin, daß sie fast ohne bewegliche Teile auskommt. Sie ist zur Zeit noch nicht sehr weit verbreitet, einzig die Kühlschränke im Bereich des Campingbedarfs haben nennenswerte Stückzahlen.

Für den praktischen Einsatz von Wärmepumpen spielt die verfügbare Anergiequelle eine wichtige Rolle. Besonders günstige Bedingungen ergeben sich, wenn die Niedertemperaturwärme aus Grund- oder Oberflächenwasser bezogen werden kann. Wegen der hohen Wärmekapazität des Wassers sind sehr kompakte Wärmetauscher möglich. Auch ist die Temperatur des Wassers in etwa immer gleich. Mit einer solchen Quelle lassen sich sogenannte monovalente Heizsysteme realisieren, was bedeutet, daß der gesamte Heizbedarf im Winter durch die Wärmepumpenanlage gedeckt wird.

In den meisten Fällen steht aber als Niedertemperaturwärmequelle nur die Umgebungsluft zur Verfügung. Dann muß man große Wärmeaustauscherflächen bereitstellen. Viele Konstruktionen existieren für diesen Zweck, z. B. Energiedach, Energiezaun, Energiestapel und so weiter. Abbildung 11.2 zeigt ein großflächiges Energiedach, auf welches in Kapitel 13 noch näher eingegangen wird.

Der Wirkungsgrad der Wärmepumpen ist temperaturabhängig und sinkt stark ab, wenn die Lufttemperatur unter $0\,^{\circ}C$ sinkt. Daher sind Wärmepumpensysteme mit Luft als Wärmequelle meist als bivalente Heizsysteme ausgebildet: Sie decken den Heizbedarf ausschließlich bei

Temperaturen oberhalb 4°C, darunter wird eine konventionelle Heizung entweder zugeschaltet, oder sie deckt den gesamten Bedarf. Geringe Leistungszahlen bei niedriger Außentemperatur und daher hoher Heizkostenbedarf sind ein gravierender Nachteil.

Abb. 11.2: Beispiel eines großflächigen Energiedaches

Die Wärmetauscher zwischen Wärmepumpe und Luft werden Absorber genannt, da sie Wärme aus der Umgebung absorbieren sollen. Sie haben eine von Solarkollektoren grundlegend verschiedene physikalische Funktion. Während bei Solarkollektoren der Wärmeübergang vom Absorber an die Luft unerwünscht ist und daher durch gute Isolation unterdrückt wird, soll beim Wärmepumpenabsorber der Wärmeaustausch mit der Luft möglichst gut sein. Sie bestehen daher meist aus Blechen, die von Kühlmittelleitungen durchzogen sind.
Versuche, die Funktion von Solarkollektoren und Wärmepumpenabsorbern zu vereinigen, wie sie manchmal unternommen werden, sind daher von vornherein zum Scheitern verurteilt.

Zum Abschluß dieses Kapitels betrachten wir die Energieflüsse in verschiedenen Wärmepumpensystemen. Der Primärenergieverbrauch hängt sehr von der Antriebsart der Wärmepumpe ab. Betreiben wir die Wärmepumpe mit elektrischer Energie, so gewinnen wir einen Faktor drei an Heizenergie. Dabei muß aber berücksichtigt werden, daß bei der Erzeugung von Strom im Elektrizitätswerk aus fossilen

Energieträgern einschließlich Verteilung der Wirkungsgrad ungefähr 1/3 ist. Somit ist der Gesamtwirkungsgrad der Elektrowärmepumpe 100%, also nicht viel besser als bei der Heizung mit dem Heizkessel. Diese Betrachtung ist allerdings nicht streng gültig, da im Elektrizitätswerk Energieträger verwandt werden können, die im Haushalt nicht zum Einsatz kommen können, wie z. B. Braunkohle und Kernenergie. In jedem Fall stellt eine elektrische Wärmepumpe aber eine erhebliche Verbesserung gegenüber der Widerstandsheizung dar.

Anders sieht die Bilanz aus, wenn die Wärmepumpe fossil angetrieben wird, z. B. mit einem Gas- oder Dieselmotor. In diesem Fall ist die Vervielfältigung der Primärenergie tatsächlich mit der Arbeitsziffer identisch. Insbesondere kann man hier auch die Abwärme des Motors zur Heizung mit heranziehen.

12. Wirtschaftlichkeit von Solaranlagen

Bei vielen in der Vergangenheit gebauten Solaranlagen wurde festgestellt, daß sie nicht wirtschaftlich waren. Nun ist jedoch Wirtschaftlichkeit kein sehr einfach zu definierender Begriff, wie in diesem Kapitel klar werden wird. Wegen der zentralen Bedeutung der Wirtschaftlichkeit für Solaranlagen ist es erforderlich, sich damit auseinanderzusetzen und insbesondere die gebräuchlichen Methoden der Ertragsberechnung kennenzulernen. Zunächst ist es notwendig, zu erkennen, daß die übliche betriebswirtschaftliche Methode nur einen Teilaspekt der Gesamtwirtschaftlichkeit betrachtet. Nicht berücksichtigt werden folgende Gesichtspunkte:

1. Umweltaspekte:
   Der Umstand, daß eine Solaranlage ohne negative Auswirkungen auf die Umwelt Energie liefert, bleibt außerhalb der Betrachtung. Allerdings sind staatliche Maßnahmen, wie steuerliche Vorteile und Zuschüsse, auch dadurch motiviert.

2. Volkswirtschaftliche Aspekte:
   Solarenergie verringert die Abhängigkeit von importierten Energieträgern und reduziert die Inanspruchnahme erschöpfbarer Energiequellen. Diese Beiträge, die sehr schwer quantitativ zu beziffern sind, werden ebenfalls durch die oben erwähnten staatlichen Fördermaßnahmen zum Teil berücksichtigt.

3. Gesellschaftliche Aspekte:
   Diese Aspekte, die im immateriellen Selbstverständnis des Sonnenenergienutzers und möglicherweise im gesellschaftlichen Ansehen bestehen, lassen sich überhaupt nicht beziffern. Sie sind nichtsdestoweniger von erheblicher Bedeutung, wie Beispiele aus vielen Bereichen des täglichen Lebens beweisen. Z. B. spielen beim Autokauf wirtschaftliche und technische Gesichtspunkte oft nur eine untergeordnete Rolle.

12.1 Betriebswirtschaftliche Methoden

Im folgenden wollen wir uns aber auf eine rein betriebswirtschaftliche Betrachtungsweise beschränken. Obwohl man annehmen möchte,
daß nichts einfacher und eindeutiger sein müßte als die Berechnung
der Wirtschaftlichkeit einer Energieumwandlungsanlage, so erweist
sich dies doch als eine höchst unsichere Angelegenheit. Es gibt
eine Reihe von verschiedenen Ansätzen und Methoden, deren Ergebnisse oft nicht übereinstimmen. Sie erweisen sich aber als brauch-
bar, wenn es darum geht, zwei unterschiedliche Anlagen miteinander
zu vergleichen. Die wichtigsten Methoden sollen nun kurz dargestellt und Beispiele berechnet werden /56/.

12.1.1 Statische Methoden

Diese sind sehr einfach und nur für grobe Abschätzungen geeignet.
Sie berücksichtigen nur den Überschuß während eines Jahres.

1. Rentabilität
   Als Rentabilität wird definiert:

$$R = \frac{\text{Jährlicher Überschuß}}{\text{Kapitaleinsatz}} \quad (\%)$$

Wenn z. B. eine Anlage jährlich ein Zehntel ihres Kapitaleinsatzes
als Gewinn abwirft, ist die Rentabilität 10 %. Dieser Wert kann
dann mit der Verzinsung anderer Investitionen verglichen werden.

2. Amortisationsrechnung
   Dies ist der gleiche Ansatz:

$$\text{Amortisationszeit } m = \frac{\text{Kapitaleinsatz}}{\text{jährlicher Überschuß}} \quad (\text{Jahre})$$

Je länger die Amortisationszeit, um so ungünstiger ist die Investition. Insbesondere muß die Lebensdauer der Anlage länger als die
Amortisationszeit sein. In obigem Beispiel wäre die Amortisationszeit 10 Jahre.

Die statischen Methoden haben schwerwiegende Nachteile. Sie gestatten nicht die Berücksichtigung der Anlagenlebensdauer (in obigem Beispiel wäre eine Anlage mit 10 Jahren Lebensdauer gleichwertig mit einer von 20 Jahren), der Inflation und der Entwicklung der Energiekosten. Dies wird durch die dynamischen Methoden möglich gemacht. Sie sind mathematisch genauer, leiden aber darunter, daß Annahmen über Inflationswerte und Energiepreis weit in die Zukunft hinein gemacht werden müssen. Insofern sind auch die dynamischen Methoden mit einer erheblichen Unsicherheit behaftet.

12.1.2 <u>Dynamische Methoden</u>

Dynamische Methoden beruhen auf der Rückrechnung zukünftiger Geldströme auf die Gegenwart. Die Basis ist die übliche Zinseszinsrechnung: Ein Kapital vom Wert G^O in der Gegenwart möge sich pro Jahr mit dem Zinsfuß p verzinsen. Dann ist der Wert des Kapitals nach einem Jahr:

$$(12.1) \qquad G^1 = G^O \, (1 + p) \text{ und im Jahre i}$$

$$G^i = G^O \, (1 + p)^i$$

Umgekehrt lassen sich zukünftige Geldflüsse auf die Gegenwart umrechnen. Soll z. B. eine Schuld G^i im Jahre i durch Anlage in der Gegenwart getilgt werden, so ist diese nur:

$$(12.2) \qquad G^O = G^i \, / \, (\, 1 + p \,)^i$$

Mit dem gleichen Ansatz kann man auch Geldentwertung durch Inflation berücksichtigen. Für eine durchschnittliche Inflationsrate r erhält man:

$$(12.3) \qquad G^O = G^i \, (\, 1 + r \,)^i \, / \, (\, 1 + p \,)^i$$

Handelt es sich um eine Zahlungsreihe mit jährlich gleichen Gliedern G und mit n Jahren Laufzeit, dann erhält man so den Barwert BW dieser Zahlungsreihe in der Gegenwart:

$$(12.4) \quad BW = \frac{G}{1 + p} + \frac{G}{(1 + p)^2} + \cdots = \sum_{i=1}^{n} \frac{G}{(1 + p)^i} = \frac{(1 + p)^n - 1}{(1 + p)^n \, p} \, G$$

Die Endformel entspricht der Lösung einer geometrischen Reihe. Mit der Inflationsrate r ergibt sich als Barwert:

$$(12.5) \quad BW = G \left[\frac{1 + r}{p - r} \right] \left[1 - \left[\frac{1 + r}{1 + p} \right]^n \right]$$

Als erstes wollen wir die spezifischen Energiebereitstellungkosten K_{spez} definieren:

$$K_{spez} = \frac{\text{Gesamtkosten über die Lebensdauer des Systems}}{\text{Bereitgestellte Energie}}$$

$$K_{ges} = I_0 + BW \, (\text{Kosten})$$
$$I_0 \quad = \text{Anfangsinvestition}$$

Der Barwert der Kosten setzt sich zusammen aus den Barwerten der Wartungskosten sowie anderer Kosten, z. B. für Pumpenergie.
Die spez. Energiebereitstellungskosten können entweder für die gesamte Lebensdauer der Anlage oder pro Jahr berechnet werden.

12.1.3 Kapitalwertmethode

Durch die Kapitalwertmethode wird die Differenz der während der Laufzeit der Investition auftretenden diskontierten Kosten und Erlöse berechnet und in Relation zum anfänglichen Kapitaleinsatz gestellt. Der Kapitalwert C einer Investition ist:

$$(12.6) \quad C_0 = \sum_{i=1}^{n} \frac{E_i - K_i}{(1 + p)^i} - I_0$$

$$E_i \quad = \text{Wert der gewonnenen Energie im Jahre i}$$
$$K_i \quad = \text{Kosten im Jahre i}$$

Wenn $C_0 > 0$, ist die Investition wirtschaftlich,
wenn $C_0 < 0$, ist die Investition unwirtschaftlich.

Bei dem Ansatz in Gleichung (12.6) ist vorausgesetzt, daß während der Laufzeit keine Reinvestitionen erforderlich sind, wie bei Solaranlagen üblich.

12.1.4 Interne Zinsfußmethode

Der interne Zinsfuß ergibt sich aus Gleichung (12.6) für den Fall, daß $C_O = 0$ gesetzt wird. Dann verzinst sich das eingesetzte Kapital gerade mit dem internen Zinsfuß. Dieser kann dann mit anderen Alternativen und dem gerade gültigen Zinsfuß verglichen werden.

12.1.5 Amortisationsrechnung

Die dynamische Amortisationsrechnung (Payback-Methode) stellt eine Weiterentwicklung der bereits behandelten statischen Version dar. Hier wird jedoch der unterschiedliche Wert von Rückflüssen zu verschiedenen Zeitpunkten durch Diskontierung berücksichtigt. Die dynamische Methode führt gegenüber der statischen zu einer Verlängerung der Amortisationszeit. Nach Gleichung (12.6) ergibt sich für die Zahl der Jahre, in der sich das eingesetzte Kapital amortisiert hat ($C_O = 0$):

$$(12.7) \qquad I_O = \sum_{i=1}^{n} \frac{E_i - K_i}{(1 + p)^i}$$

12.2 Beispiele zur Wirtschaftlichkeitsrechnung

Wir wollen nun ein Basissystem eines Warmwasserkollektors unter verschiedenen Randbedingungen nach der Kapitalwertmethode berechnen, um abzuschätzen, wie diese die Wirtschaftlichkeit beeinflussen. Die Kosten und Kennzahlen der Anlage sind in Tabelle 12.1 zusammengestellt.

Tabelle 12.1: Beispiel für die Kostenberechnung eines Kollektors

Kollektorsystem (Warmwasser) 5 m^2 Fläche	
I_c System- und Installationskosten	DM 9000.-
W_1 Wartungskosten/Jahr	DM 100.-
E_p Kosten für Pumpenergie	DM 19.-
n Lebensdauer der Anlage	15 Jahre
E_1 Solarenergie/m^2 , Jahr	500 kWh/m^2
p Zinsfuß	0,08 (8%)
Wert der bereitgestellten Energie	DM 0,35 /kWh

Zu den genannten Zahlen sind folgende Bemerkungen zu machen:

1.   Der Wert von 500 kWh/m^2 im Jahr für die gelieferte Solarener-
     gie ist ein Wert, der nur für sehr hochwertige Kollektoren
     und Systeme erreicht wird.

2.   Der Wert von DM 0,35 /kWh für die bereitgestellte Energie ist
     nicht identisch mit dem Elektrizitäts- bzw. Ölpreis, sondern
     mit dem Systemkostenpreis einschließlich der Warmwasser-
     bereitungsanlage. Dies ist insofern berechtigt, als die vor-
     gesehene Solaranlage auch eine elektrische Zusatzheizung und
     den Wärmespeicher enthält.

Der Barwert der gewonnenen Energie ist:

$$(12.8) \quad BW(E) = \sum_{i=1}^{15} \frac{2500 \cdot 0,35}{(1 + 0,08)^i} = 7489.- \; DM$$

Der Barwert der Wartungskosten und Pumpenergie ergibt sich als:

$$BW(W) = 855,90 \; DM \qquad BW(E_p) = 162,62 \; DM, \text{ und somit ist:}$$

$$C_0 = 7489 - 855,90 - 162,62 - 9000 = -2530.- \; DM$$

Das negative Ergebnis deutet an, daß unter diesen Bedingungen die
Investition unwirtschaftlich ist. Wir wollen nun schrittweise
positive Effekte berücksichtigen und so die Investition immer
wirtschaftlicher machen. Das bisher entwickelte Instrumentarium
gibt uns die Möglichkeit, Inflationseffekte und die Entwicklung
des Energiepreises zu erfassen. Bei den Energiepreisen wird lang-

fristig eine Tendenz beobachtet, die deutlich über der Inflationsrate liegt.

Wir nehmen an: Inflationsrate r = 5%, Energiepreissteigerungsrate
e = 10% (d. h. 5% real).

Dann ist der Barwert der Sonnenenergie:

$$(12.9) \quad BW(E) = \left[\frac{1 + e}{p - e} \right] \left[1 - \frac{(1 + e)^{15}}{(1 + p)^{15}} \right] E_1 = 15248.- \text{ DM}$$

Die Wartungskosten steigen mit der Inflationsrate r:

$$BW(W) = 1206,22 \text{ DM}$$

Die Pumpenergie steigt mit der Steigungsrate e:

$$BW(E_p) = 331,10 \text{ DM}$$

Es folgt daraus: C_O = 4710,68 DM.

Somit ist die Investition wirtschaftlich.

Man erkennt, wie drastisch solche in die Zukunft gehenden Annahmen
die Rentabilität beeinflussen. Bis zu diesem Punkt ist die Rechnung allgemeingültig und zum Beispiel auch für einen Betrieb
anwendbar. Noch günstigere Bedingungen erhält man, wenn man
steuerliche Vorteile ausschöpfen kann. So war es für einen Haus-
besitzer bis vor kurzem möglich, eine Solaranlage über 10 Jahre
mit jeweils 10 % abzuschreiben. Nehmen wir einen Spitzensteuersatz
der Einkommensteuer von 50 % an, ergibt sich folgende Rechnung:

$$\frac{\text{Zusatzgewinn}}{\text{Jahr}} = \frac{\text{Investition} \cdot \text{Steuersatz}}{10}$$

Für obiges Beispiel:(9000 DM / 10) · 0,5 = 450,- DM.

Bei den schon eingeführten Annahmen r = 0,05 und p = 0,08 ergibt
sich mit der Laufzeit von 10 Jahren der Barwert

$$BW = 3866,73 \text{ DM}.$$

Dieser Wert addiert sich zum schon errechneten rein energetischen
Kapitalwert:

$$C_O = 8577,41 \text{ DM}.$$

Ebenso wie die Kapitalwertmethode liefern auch die anderen dynamischen Methoden je nach den Annahmen sehr unterschiedliche Aussagen
über die Wirtschaftlichkeit. Als Fazit bleibt festzustellen, daß
Solaranlagen bei hohem Wirkungsgrad, langer Lebensdauer und ange-
messenen Investitionskosten durchaus wirtschaftlich sein können.

13.   Einsatz solarer Systeme in der Praxis

Für die Nutzung von Solarenergie in der Praxis ist es notwendig,
daß eine Vielzahl von Einzelvoraussetzungen erfüllt werden. So
erfordert ein Kollektorsystem zur Erzeugung warmen Brauchwassers
z.B.:

   die Wahl geeigneter Kollektoren bezüglich Wirkungsgrad und
   Arbeitstemperatur,

   die Festlegung des Speichervolumens einschließlich der
   Wärmedämmung,

   die Regelung des Kollektor-Speicher-Systems,

   die Anpassung des Kollektor-Speicher-Systems an die architek-
   tonischen Gegebenheiten und das bereits meist vorhandene
   Heizungssystem.

All diese Kriterien sind dann noch unter dem Gesichtspunkt der
Wirtschaftlichkeit zu sehen, wobei leider häufig nur die betriebswirtschaftliche Komponente berücksichtigt wird und nicht der
volkswirtschaftliche Nutzen umweltfreundlicher Systeme, der in
Mark und Pfennig schwer zu erfassen ist. Im Nachfolgenden sollen
einige in der Praxis eingesetzte Systeme detaillierter besprochen
werden.

Im ersten Fall handelt es sich um die Anwendung von Kollektoren
zur Brauchwasser- und, in begrenztem Umfang, auch zur Heizwasserer-
wärmung in einem Versuchshaus. Hier stand nicht so sehr die Wirtschaftlichkeit als vielmehr das Funktionieren des Gesamtsystems
bei hohem Wirkungsgrad im Vordergrund.

Der zweite Fall stellt ein neuartiges Energiedach-Wärmepumpen-
Speicher-System vor, welches als Industrieauftrag erstellt wurde,
und das bereits volle Wirtschaftlichkeit erreichen soll.

Bei beiden Systemen handelt es sich um relativ große Anlagen, bei
denen die Regelung durch den Einsatz eines Mikrocomputers optimiert wird. Für den Einsatz von Solarenergie in Einfamilienhäusern
werden sich zunehmend Einfachsysteme durchsetzen, die mit gering-
stem Regelaufwand auskommen und damit von den Kosten her relativ
günstig liegen. Ein entsprechendes Beispiel einer Thermosiphonanlage wird als drittes System vorgestellt. Daß dieses Prinzip auch
für höhere Temperaturen sinnvoll eingesetzt werden kann, zeigt das
Beispiel eines Solarkochers, der als letztes System behandelt
wird.

13.1   <u>Solarhaus Freiburg</u>

Das Projekt "Solarhaus Freiburg" diente dem Ziel, die Eignung
moderner Solarenergieanlagen im konventionellen Wohnungsbau nach-
zuweisen. Untersuchungsobjekt war ein gut wärmegedämmtes 12-Fami-
lienhaus in Freiburg-Tiengen, das mit zwei Feldern von Hochvakuum-
Kollektoren zur Warmwasserbereitung und (Teil-) Raumheizung ausge-
rüstet ist /57/.
Allgemeines Ziel des Projektes war die Nutzung von Solarenergie in
einem Versuchshaus, bei dem die Wärmeverluste durch verbesserte
Wärmedämmung im Vergleich zu konventionellen Häusern bereits stark
reduziert waren. Unter einer Vielzahl von Maßnahmen zum rationellen Energieeinsatz sind in diesem Haus zwei wesentliche, sich
ergänzende Punkte hervorzuheben:
  - optimale Wärmedämmung des gesamten Baukörpers durch 10 cm
    Außenisolation und durch Einbau von dreifach verglasten
    Fenstern
  - Installation von zwei mit Vakuum-Kollektoren ausgerüsteten
    Solaranlagen, die unabhängig voneinander zur Warmwasserberei-
    tung und zur Unterstützung der Raumheizung eingesetzt werden.
Ein optimaler Betrieb der gesamten haustechnischen Anlage erfolgt
über eine dynamische Regelung, die aus mehr als 40 Betriebsweisen
die jeweils günstigste Anpassung der Energieerzeuger an die Speicher oder Verbraucher auswählt.
Zur Untersuchung der eingesetzten Energiesysteme und deren Kompo-
nenten werden mit einem Meßcomputer zweimal pro Minute 180 Meß-
fühler registriert und über 5-Minuten gemittelt (55000 Meßwerte
pro Tag).
Dadurch ist eine präzise Bestimmung aller Energieströme auch bei
schnellen Betriebsänderungen möglich.
Die wesentlichen Ziele des Experiments umfaßten:
  - Systemtests von Vakuum-Kollektoren unter realen Betriebs-
    bedingungen
  - Erstellung einer zuverlässigen Datenbasis für Computersimula-
    tionsmodelle
  - Entwicklung und Test solcher Modelle
  - Entwicklung und Optimierung von Regelungsstrategien
  - Nachweis und Quantifizierung des Einflusses verschiedener
    Methoden der Energieeinsparung, unterschiedlicher Betriebszu-

stände und verbesserter thermischer Außenisolation auf den
Energieverbrauch
- Nachweis der Akzeptanz verschiedener Methoden und Anlagen der
  rationellen Energieverwendung durch die Bewohner.

In den nachfolgenden Abschnitten soll zunächst das System etwas
ausführlicher behandelt werden. Im Anschluß daran werden konkrete
Ergebnisse über Kollektor- und Systemwirkungsgrade gebracht. Den
Abschluß bildet die Diskussion des Energieflußdiagramms sowie eine
Zusammenfassung der bisher gemachten Erfahrungen.

13.1.1   Die energietechnischen Anlagen im Solarhaus Freiburg

Die Systemschaltungen und die wesentlichen Komponenten der Solar-,
Brauchwasser- und Heizungsanlagen sind im Gesamtsystemschaltbild
in Abb. 13.1 dargestellt.

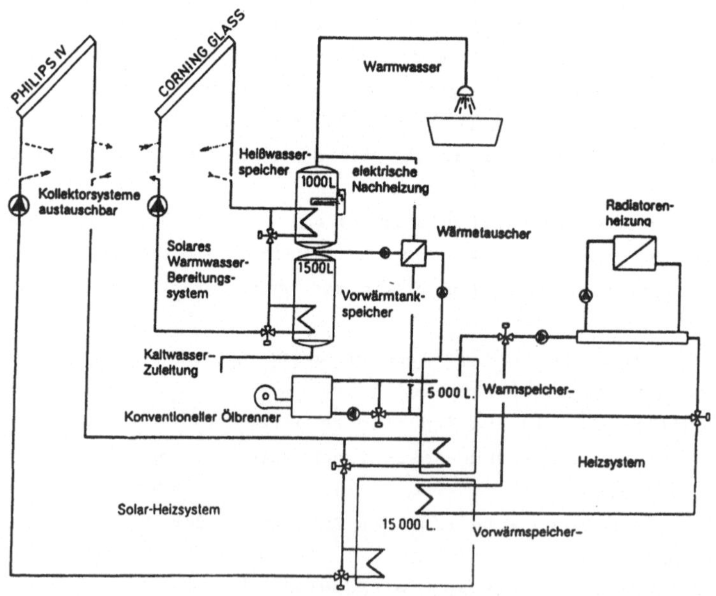

Abb. 13.1: Vereinfachtes Systemschaltbild des Solarhauses mit den
vertauschbaren Kollektormodulen

Die detaillierte Analyse eines komplexen Energiesystems erfordert seine systematische Unterteilung in Untersysteme, um die spätere Erstellung von lokalen Energiebilanzen zu ermöglichen. Dabei wurde darauf geachtet, daß die Schnittstellen zu Nachbarsystemen eindeutig definiert sind und die Subsysteme eine funktionale Bedeutung in der Gesamtanlage behalten. Ferner müssen die Energieströme über die Subsystemgrenzen meßtechnisch erfaßbar sein.

Bei der vorgenommenen Unterteilung ist die solare Brauchwasseranlage in die folgenden Subsysteme gegliedert:

- Kollektorfeld
- Verteilsystem
- solarer Brauchwasser-Speicher
- konventioneller Brauchwasser-Speicher,
  Nachheizung und Zirkulationsleitung.

Analog gilt für die solare Heizungsanlage die folgende Einteilung in Subsysteme:

- Kollektorfeld
- Verteilsystem
- solare Heizungs-Speicher und Heizungs-Pufferspeicher
- konventionelle Heizungsanlage.

Die zwei Solaranlagen im Solarhaus Freiburg dienen der Versorgung der Brauchwasserbereitung und der Unterstützung der Raumheizung. Entsprechend der Zielsetzung des Projektes liegen ihrer Konzeption die folgenden zwei Forderungen zugrunde:

1. Unabhängiger Betrieb der Solaranlagen, um die beiden Verbrauchergruppen Brauchwasserbereitung und Raumheizung unter ihren typischen Betriebsbedingungen und ohne wechselseitige Beeinflussungen untersuchen zu können;

2. Umschaltbarer Betrieb beider Solaranlagen wahlweise mit einem der beiden Vakuumkollektorfelder, damit die Analyse einer typischen, optimierten Warmwasseranlage mit jedem der installierten Kollektorfelder ermöglicht wird.

Die Auslegung der beiden Kollektorfelder erfolgte in Hinsicht auf einen optimierten Betrieb mit der Brauchwasser-Solaranlage. Da durch dieses Kriterium die Größe der beiden Kollektorfelder durch den Brauchwasserwärmebedarf bestimmt wird, sind sie natürlich für eine Versorgung des Heizungssystems deutlich unterdimensioniert. Entsprechend dem Verhältnis von Kollektor- zu Wohnfläche von 1:20 kann der Wärmebedarf der Raumheizung also nur zu einem relativ geringen Anteil durch Solarenergie gedeckt werden. Ein größerer Deckungsanteil wäre bei größeren Kollektorfeldern möglich, war aber nicht Ziel der Untersuchungen.

Im Untersuchungszeitraum von März 1978 - Mai 1983 wurden im Solarhaus Freiburg drei verschiedene Typen von evakuierten Röhrenkollektoren betrieben und untersucht:

- der Vakuumkollektor CORNING GLASS WORKS aus den USA mit einer Aperturfläche von 33,3 m^2 seit März 1978

- der PHILIPS MARK IV Kollektor vom Philips-Forschungslaboratorium Aachen mit einer Aperturfläche von 29,5 m^2 im Zeitraum April 1978 bis Mai 1982

- der PHILIPS VTR 261/STIEBEL-ELTRON Vakuum-Heatpipe-Kollektor mit einer Aperturfläche von 29,2 m^2 im Zeitraum seit Juni 1982.

Die Verteilsysteme verbinden die Kollektorfelder mit den solaren Brauchwasser- bzw. Heizungsspeichern, sodaß zwei völlig getrennte und bis auf Ausnahmen unabhängig voneinander betriebene Solarkreisläufe entstehen. Ferner ist in ihnen die Umschaltvorrichtung integriert, mit welcher die Kollektor-Speicherzuordnung invertiert werden kann.

Die je zwei Wärmeaustauscher in den Speichertanks des Brauchwasser- und Heizungssystems können über motorische Dreiwegeventile mit dem Solarkreislauf verbunden werden.

Für die Übertragung von Überschußenergie aus dem solaren Brauchwassersystem in die Heizungsspeicher kann der Kollektorkreislauf der Brauchwasseranlage durch ein weiteres Dreiwegeventil an den Kollektorkreislauf des Heizungssystems angekoppelt werden, wodurch die beiden Kollektorfelder parallel geschaltet werden.

In beiden Verteilsubsystemen wird die Schnittstelle zum Kollektorfeld definiert durch die beiden Temperaturmeßstellen am Kollektorein- und ausgang; die Schnittstelle zu den Speichern entspricht den Temperaturmeßstellen direkt an den Wärmeaustauschern des jeweiligen Lastsystems.

Zur genauen Erstellung von Energiebilanzen des Verteilerkreislaufs muß dessen Wärmeverlustkoeffizient experimentell bestimmt werden. Hierzu wurden nächtliche Auskühlexperimente durchgeführt, bei denen der Verteilkreislauf im Kurzschluß und unter Umgehung des Kollektorfeldes durch eine Bypass-Leitung betrieben wurde.

Das von Computeroptimierungen geforderte Speichervolumen von 2,5m^3 wurde realisiert durch zwei in Reihe geschaltete Brauchwasserspeicher mit 1,5 m^3(Vorspeicher) und 1,0 m^3 (Heißspeicher).

Der Grund für die Einteilung der Brauchwasserspeicher in "solare" und "nicht-solare" Speicher liegt in der systematischen Behandlung der im Solarsystem auftretenden Energieverluste. Während der hier beschriebene "solare" Brauchwasser-Vorspeicher eine ausschließlich solare Funktion hat, muß der als Heißspeicher bezeichnete Bereitstellungsspeicher dem normalen Brauchwassersystem zugeordnet werden.

Der "nicht-solare" Bereich des Brauchwassersystems besteht aus dem Bereitstellungsspeicher (mit 1000 Litern Inhalt), hier als Heißspeicher bezeichnet, der Nachheizung und der Zirkulationsleitung. Der Heißspeicher deckt den Spitzenbedarf des 12-Parteien-Hauses ab.

Im Heißspeicher (1000 l) ist im unteren Teil zusätzlich ein Wärmetauscher (Rohrbündel, 4 m^2 Oberfläche) eingebaut, der die unmittelbare Einspeisung von Solarenergie in diesen Bereitstellungsspeicher ermöglicht. Die Nachheizung erfolgt wahlweise über einen thermostatisch geregelten, elektrischen 12 kW Heizstab, der in der halben Speicherhöhe angebracht ist. Alternativ dazu kann die Nachheizung thermisch über den Heizungspufferspeicher (5 m^3) betrieben werden, der teils solar, teils über den Ölbrenner versorgt wird.

Neben der solaren Brauchwasseranlage ist in dem Haus auch eine Solaranlage zur Unterstützung der Raumheizung installiert (siehe Abb. 13.1), auf die hier nicht detaillierter eingegangen werden kann. In Ergänzung mit einem optimierten Ölheizkessel mit Solar- und Pufferspeicher sorgt sie für eine weitere Reduzierung des Energieverbrauchs.

13.1.2 Experimentelle Ergebnisse aus dem Bereich des solaren Brauchwassersystems

Den zentralen Punkt der Anlage bilden die Kollektorsysteme, die hier vorrangig behandelt werden sollen.

Tabelle 13.1 zeigt die Kennwerte der Kollektorensysteme, wie sie sich durch Auswertung der jährlichen Wirkungsgraddiagramme ergeben.

Die drei untersuchten Kollektortypen zeigen die für Vakuumkollektoren typischen niederen Wärmedurchgangskoeffizienten.

Die Schwankungen im Konversionsfaktor ($\tau \cdot \alpha$) sind zum Teil durch geringfügige Umbauten im Systemaufbau, durch Meßfehler oder bauliche Änderungen im näheren Umfeld verursacht.

Tabelle 13.1: Kennlinienparameter der Kollektorfelder

Kollektor-typ	PHILIPS MK IV		PHILIPS VTR 261 STIEBEL-ELTRON		CORNING GLASS	
Meßperiode	$\tau \cdot \alpha$	k $(Wm^{-2}K^{-1})$	$\tau \cdot \alpha$	k $(Wm^{-2}K^{-1})$	$\tau \cdot \alpha$	k $(Wm^{-2}K^{-1})$
1979 III-VII	64.0%	2,58			------------	
1979 VIII-XII	67,6%	2,58			------------	
1979 III-XII	------------				70,3%	1,52
1980	62,1%	2,04			66,4%	1,52
1981	68,5%	2,47			67,2%	1,31
1982 I-V	70,2%	2,65			------------	
1982 VI-XII			66,0%	1,09	------------	
1982 I-XII			------------		71,7%	1,73
1982 VI/83 V			67,7%	1,24	72,0%	1,68
Mittelwert	68,8%	2,56	67,7%	1,24	68,9%	1,45

Alle drei Kollektorsysteme zeigen im Rahmen der Meßgenauigkeit keine Alterung. Deutlicher zu sehen ist dies an den monatlichen Kollektorparametern, wie sie in Abb. 13.2 für den Corning-Kollektor aufgezeigt sind.

Abb. 13.3 zeigt die Jahresbilanz eines Kollektorsystems in Form eines Histogramms. Zusätzlich ist der monatliche Wirkungsgrad des Systems unten angegeben, der mit Ausnahme der Monate Dezember und Januar im Bereich von 50 % liegt. Die niedrigen Werte in den beiden Wintermonaten sind durch die geringe Einstrahlung bedingt.

Die jährliche Einstrahlung und Kollektorausbeute für den Zeitraum
1979 bis 1983 sind in Tabelle 13.2 zusammengestellt. Der mittlere
jährliche Wirkungsgrad liegt für den Corning-Kollektor bei 50 %.

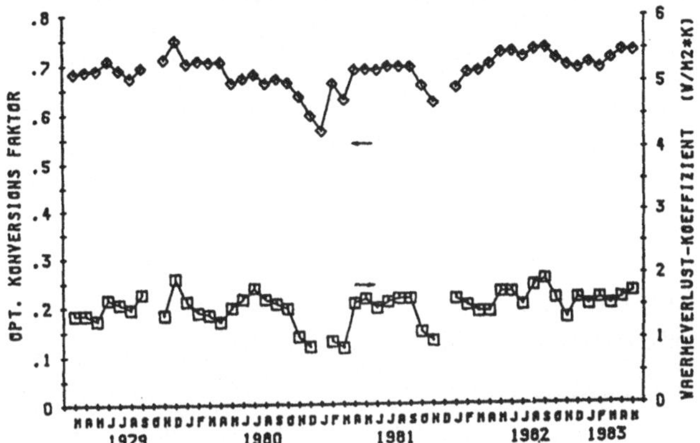

Abb. 13.2: Monatliche Parameter von Wirkungsgradkennlinien des
Corning-Kollektor-Systems

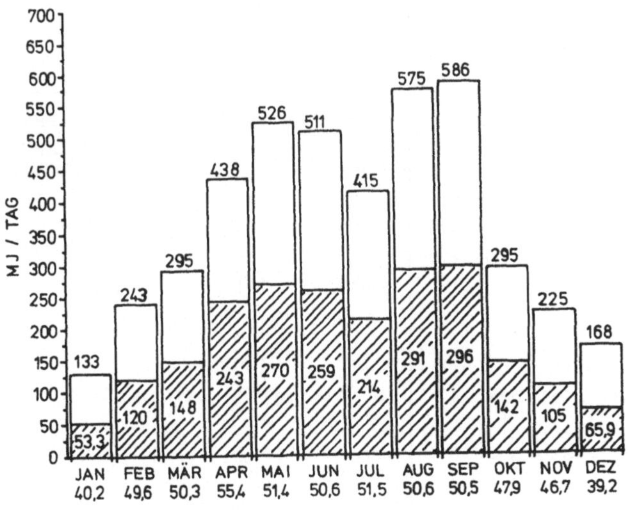

Abb. 13.3: Jahresbilanz des Corning-Kollektor-Systems
mittlere tägliche Einstrahlung auf das System
mittlere täglich nutzbare Energie

Tabelle 13.2: Jährliche Einstrahlung und Kollektorausbeute
1979 - 1983

Kollektor	CORNING GLASS				
	1979	1980	1981	1982	82/83
Jährliche Globalstrahlung auf die Kollektorebene (kWh/m^2a)	1052	1104	1095	1196	1108
Gesamte Einstrahlung auf den Kollektor (kWh/a) (Apertur-Fläche)	35032	36763	36328	39827	36899
Gesamte Kollektorausbeute (kWh/a)	17500	18392	17966	20274	18614
Spezifische Kollektor-ausbeute (kWh/m^2a)	526	552	540	609	559
Kollektorsystem-wirkungsgrad %	50	50	49.5	50.9	50.4

Kollektor	PHILIPS IV			PHILIPS/ STIEBEL-ELTRON	
	1979	1980	1981	1982	82/83
Jährliche Globalstrahlung auf die Kollektor-Ebene (kWh/m^2a)	1019	1044	1053		1126
Gesamte Einstrahlung auf den Kollektor (kWh/a)	30046	30775	31045		32870
Gesamte Kollektorausbeute (kWh/a)	12120	13083	13181		17329
Spezifische Kollektor-ausbeute (kWh/m^2a)	412	444	447		593
Kollektorsystem-Wirkungsgrad %	40.4	42.3	42.4	52.5	52.9

Während die alten Phillips-Kollektoren, bedingt durch ihre größeren Wärmeverlustkoeffzienten, etwas niedrigere Jahreswirkungsgrade besitzen, liegt er für die neuen Wärmerohrkollektoren bei
knapp 53%.

Der hohe Wirkungsgrad des Kollektorsystems ist eine Voraussetzung
für die Nutzung von Sonnenenergie, entscheidend für die Wirtschaftlichkeit ist jedoch der Wirkungsgrad des Gesamtsystems einschließlich aller Leitungs- und Speicherverluste.

Abb. 13.4 zeigt den mittleren täglichen Energieverbrauch der
Brauchwasserbereitung sowie den Anteil der solaren Nutzenergie.
Man erkennt deutlich den hohen Deckungsgrad in den Sommermonaten,
der auf eine richtige Auslegung des Systems hinweist. Andererseits
wird jedoch auch erkennbar, daß die Solarenergie ohne Langzeitspeicher im Winterhalbjahr eine konventionelle Unterstützung benötigt.

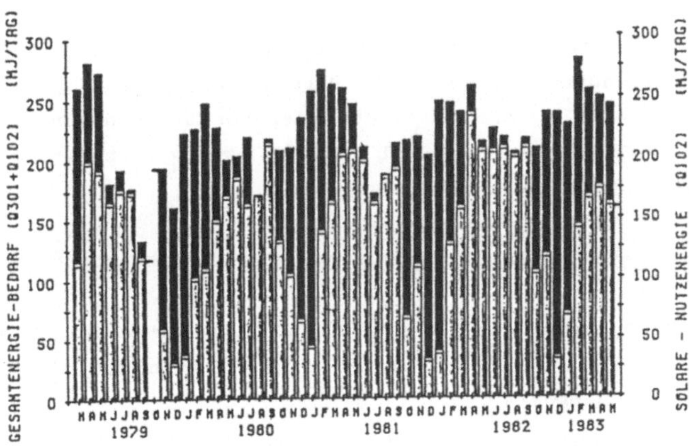

Abb. 13.4: Energieverbrauch der Brauchwasserbereitung im
Solarhaus Freiburg von März 1979 - Mai 1983
Monatsmittel des täglichen Gesamtenergieverbrauchs
Monatsmittel der täglichen solaren Nutzenergie

In Abb. 13.5 ist der solare Deckungsgrad der letzten 12 Monate von
Abb. 13.4 sowie der Systemwirkungsgrad angegeben.

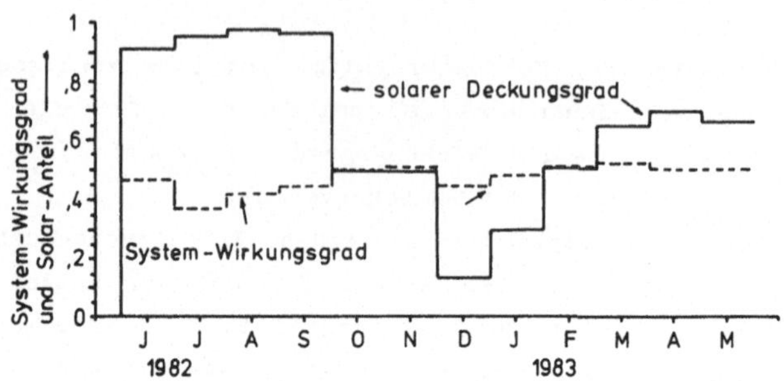

Abb. 13.5: Systemwirkungsgrad und Solaranteil bei der Brauchwasserbereitung

Der jährliche Systemwirkungsgrad liegt bei 43 %. Maximalwerte von
47 - 50 % wurden in sonnenreichen Monaten der Übergangszeit erreicht, da die gesamte angebotene Solareinstrahlung zur Brauchwasserbereitung genutzt werden konnte. Dagegen wurden die geringsten
Werte mit 37 - 39 % infolge nicht nutzbarer Überschußenergie im
Hochsommer 1982 gemessen, obwohl die Kollektorwirkungsgrade während dieser Zeit bei 52 - 54 % lagen.

13.1.3   Energieflußdiagramm der solaren Brauchwasserbereitung

Ein Energieflußdiagramm kombiniert die qualitative Darstellung von
Energieströmen zwischen benachbarten Untersystemen mit der Angabe
ihrer Größenordnungen.
Im Energieflußdiagramm der Anlage zur solaren Brauchwasserberei-
tung beginnt der Energiestrom im Diagramm oben mit der auf die
Kollektoraperturfläche auftreffenden Solarstrahlung und durch-
fließt der Reihe nach die bereits früher definierten Untersysteme
(Abb. 13.6):

- Kollektorfeld
- solarer Verteilkreislauf
- Brauchwasser-Vorspeicher
- Brauchwasser-Speicher
- Brauchwasser-Verteilkreislauf

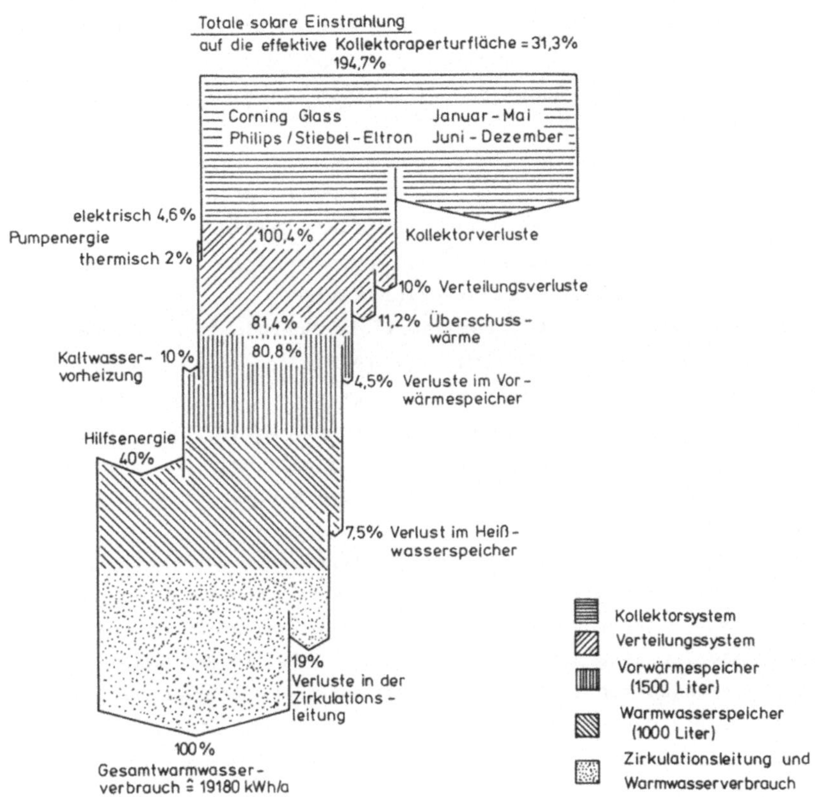

Abb. 13.6: Energieflußdiagramm der solaren Brauchwasserbereitung

Drei weitere Energieströme münden von links kommend in den Haupt-
strang:

- die thermische Leistung der Pumpen
- die Wärmemenge, die auf die passive Vorwärmung des Kaltwassers
  auf dem Wege zwischen Keller und Dachgeschoß zurückzuführen
  ist, fließt in den Brauchwasser-Vorspeicher
- die Brauchwasser-Zusatzenergie fließt direkt in den Brauchwasser-Speicher

Die in der Gesamtanlage auftretenden Energieverluste sind rechts
im Diagramm dargestellt. Im Kollektorsystem sind dies die optischen und thermischen Verluste, im solaren Verteilsystem die thermischen Verluste und die sommerliche Überschußenergie; ferner treten Speicher- und Zirkulationsverluste auf.

In der Abbildung 13.6 ist der jährliche Energiestrom in der solaren Brauchwasseranlage für das Jahr 1982 durch ein Energieflußdiagramm dargestellt. Die einzelnen Energieströme sind auf den Netto-
Warmwasserverbrauch = 100% normiert eingezeichnet. Die Kollektorsysteme wurden im Laufe des Jahres getauscht. Der Anteil der
Hilfsenergie lag in diesem Jahr inklusive der Verluste im Speicher
und der Zirkulationsleitung bei etwa 32%.

Die im solaren Verteilungssystem auftretenden Verluste und die
sommerliche Überschußenergie blieben während der gesamten Meß-
periode von 5 Jahren bis auf wenige Prozentpunkte konstant. Die
jährlichen Verluste der Brauchwasser-Speicher und der Zirkulationsleitung veränderten sich während der gesamten Untersuchungsperiode
ebenfalls nur im Prozentbereich, was auf einen einwandfreien Betrieb der Brauchwasseranlage im konventionellen Bereich hinweist
und zeigt, daß keine Alterungserscheinungen (etwa in der Isolation) aufgetreten sind.

Insgesamt ergab die Auswertung der langjährigen Meßreihen, daß
Vakuumkollektorsysteme sehr hohe Wirkungsgrade besitzen und bisher
keine meßbare Alterung auftrat. Die Gesamtsystemuntersuchungen
zeigen jedoch auch, daß die richtige Auslegung und Regelung des
Systems von entscheidender Bedeutung für den Gesamtsystemwirkungs-
grad ist. Ein weltweiter Vergleich der Kollektorsysteme in unterschiedlichen Versuchshäusern gibt zu erkennen, wie empfindlich die
Wirkungsgrade auf Falschauslegung oder nicht optimierte Regelung
reagieren /58/.

13.2 Neuartige Energiedach-Heizanlage mit digitalem Energiemanagement

Ziel dieses von einer Industriefirma in Auftrag gegebenen Projektes war es, für Betriebsgebäude eine multivalente Wärmepumpen-Heizanlage zu konzipieren, mit der ca. 70 % der benötigten Heizenergie über eine Sole/Wasser-Wärmepumpe mit Energiedach bereitgestellt werden sollen (140 kW Heizleistung).

Die Steuerung, Regelung und die Meßwerterfassung der Anlage sollte über einen Kleincomputer erfolgen, der in einer Art Energiemanagement die einzelnen Anlagenkomponenten so miteinander verknüpft, daß bei maximaler Energieeinsparung minimale Kosten entstehen. Ferner sollten die einzelnen Regelgrößen adaptiv an Nutzerverhalten, Gebäudekenngrößen und Klimabedingungen angepaßt werden. Durch die Komplexität einer solchen Anlage sollte es möglich sein, die Steuerung und Regelung der Anlage ohne großen Aufwand während des Betriebs jederzeit zu modifizieren /59/.

Da die auf dem Markt befindlichen Energiedachkonzepte den hier gestellten Anforderungen nicht entsprachen, wurde ein neuartiges Absorberelement entwickelt. Dabei standen folgende Entwicklungsziele im Vordergrund:

- geringe Herstellungskosten
- geringe Montagekosten
- hohe Tragfähigkeit
- hohe spezifische Absorberleistung
- guter Korrosionsschutz
- gute optische Akzeptanz

13.2.1 Neuartiges Energiedachkonzept

Am Fraunhofer-Institut für Solare Energiesysteme (ISE) wurde ein hinterlüftetes Aluminium-Absorberelement für die Montage auf Aluminium-Industriedächern entwickelt /60/.

Die Herstellung erfolgt nach dem Rollbandverfahren, ein Verfahren, das sich bereits millionenfach bei der Herstellung von Kühlschrankverdampfern bewährt hat. Dabei sind die mediumführenden Kanäle integrale Bestandteile und gewährleisten dadurch einen optimalen inneren Wärmeübergang. In Abb.13.7 sind der Querschnitt und die Seitenansicht eines Absorberelements dargestellt. Auf beiden

Hälften des Absorbers befinden sich 36 Flüssigkeitskanäle, die zwischen den vertikalen Verteiler- und Sammelkanälen verlaufen.

Das Element ist mittig um 102° abgewinkelt. Somit entsteht ein für die Hinterlüftung günstiger, großer hydraulischer Querschnitt. Ferner wird dadurch die Absorberfläche um ca. 30 % größer als die überdeckte Dachfläche. Die senkrecht verlaufenden Flüssigkeitskanäle wirken wie Rippen und versteifen die Konstruktion, sodaß das Energiedach starken Flächenbelastungen durch Wind und Schneelast ausgesetzt werden kann.

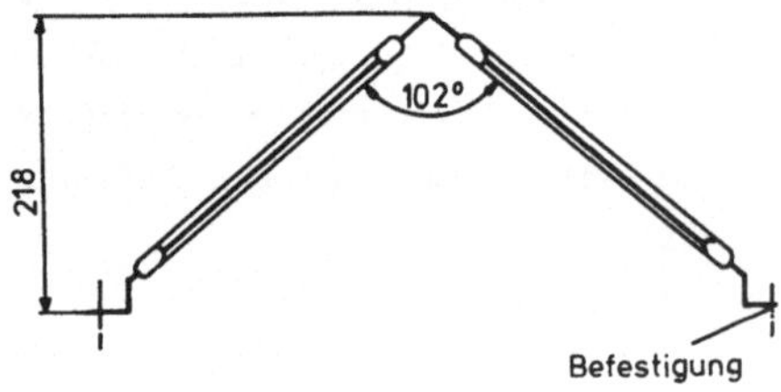

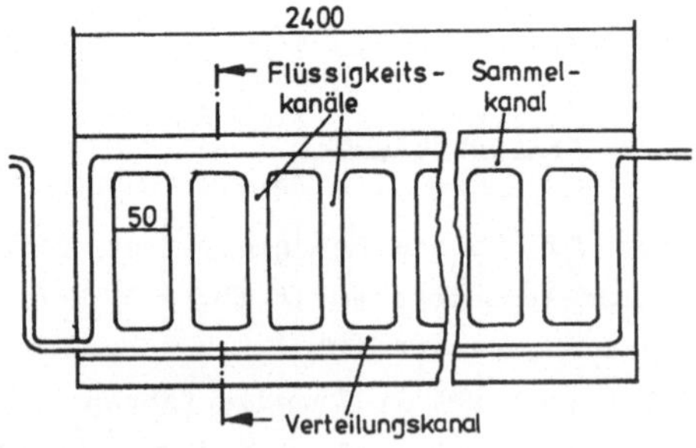

Abb. 13.7: Querschnitt und Seitenansicht des Absorberelements

Das Element wird rahmenlos mittels eigens entwickelter Klemmelemente auf dem Falz des Industriedaches elastisch befestigt.
Untereinander werden die Absorberelemente über lösbare metallische Rohrverschraubungen verbunden. Durch die S-förmig gebogenen Anschlußrohre können Längsausdehnungen ausgeglichen werden.
Durch Farb-Anodisieren (Eloxieren) der Aluminiumplatinen läßt sich die Oberfläche vergüten. Die eloxierte Oberfläche weist einen relativ hohen Absorptionskoeffizienten von 0,7 auf und schützt wirksam gegen Korrosion. Bei der farblichen Abstimmung des Energiedaches mit der Gebäudeaußenhaut kann zudem auf eine Vielzahl von Eloxalfarben zurückgegriffen werden.
Die spezifischen Kosten konnten im Vergleich zu herkömmlichen Energiedachkonstruktionen halbiert werden. Im Langzeitversuch wurden das Betriebsverhalten bei unterschiedlichen Klimabedingungen untersucht, sowie Widerstands- und Leistungskennlinie ermittelt.

Abb. 13.8 zeigt den Verlauf des äußeren Wärmeübergangskoeffizienten als Funktion der Windgeschwindigkeit. Für die Auslegung ergibt sich somit bei:

$$\alpha_a = 20 \ W/m^2K \ und \quad \Delta T = 6 \ K$$

eine Auslegeleistung von 120 W/m^2 Absorberfläche.

13.2.2 Beschreibung der Heizanlage

Für die Betriebsgebäude des Energieversorgungsunternehmens mit einem Bürogebäude von 500 m^2 Grundfläche und einer Kfz-Halle mit Lager von 788 m^2 Grundfläche wurde eine bivalente Wärmepumpenanlage mit Energiedach konzipiert. Der Heizbedarf der Gebäude beträgt 140 kW. Das Gebäude mit Kfz-Halle und Lager besitzt eine Ost-West-Orientierung und eine um 7° geneigte Dachfläche. Das Aluminium-Industriefalzdach eignet sich hervorragend für die Befestigung der beschriebenen Absorber. Dabei wird in keinem Fall die Dachhaut verletzt. Auf der nach Süden geneigten Dachfläche wurden 300 Absorberelemente mit 500m^2 Oberfläche und einer Auslegeleistung von 70 kW installiert. Abbildung 11.2 zeigt eine Gesamtansicht des Energiedaches. Das vereinfachte Blockschema der bivalenten Heizanlage ist in Abb.13.9 dargestellt.

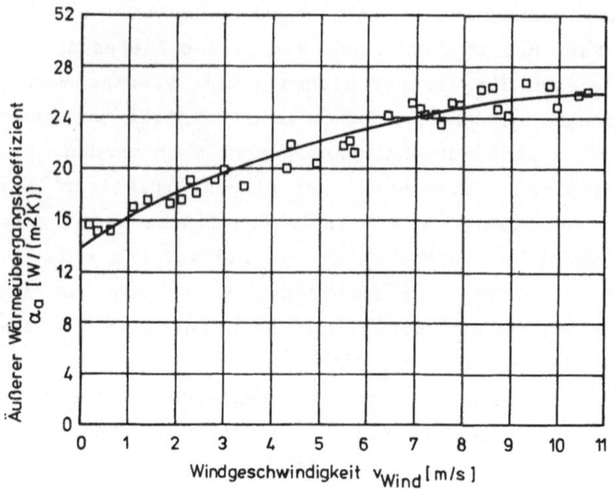

Abb. 13.8: Verlauf des äußeren Wärmeübergangskoeffizienten
als Funktion der Windgeschwindigkeit

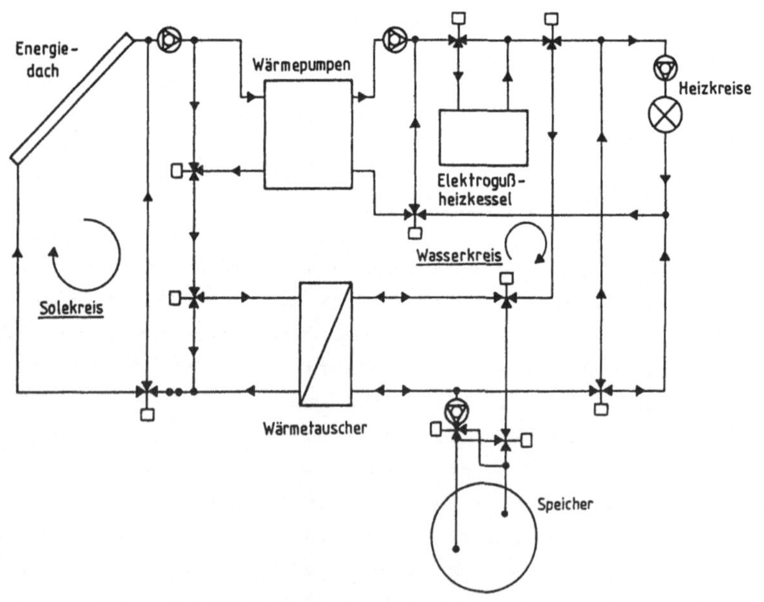

Abb. 13.9: Vereinfachtes Blockschema
der bivalenten Heizanlage

Die Anlage läßt sich zunächst in Sole- und Wasserkreis unterteilen. Die wesentlichen Komponenten der Anlage sind:

1. Zwei elektromotorisch betriebene Wärmepumpen mit einer Heizleistung von insgesamt 93 kW, bei 0° C Soleeintritt und 55^oC Heizungs-Vorlauftemperatur. Beide Geräte können mit Hilfe von Ventilanhebung auf 64% der Auslegeleistung gefahren werden.

2. Als Zusatzheizung steht ein Elektrogußheizkessel mit einer Auslegeleistung von 175 kW zur Verfügung.

3. Als Wärmespeicher dient ein 25 m^3 Wasserspeicher. Es handelt sich um einen unterirdischen zylinderförmigen Stahltank in doppelwandiger Ausführung, der mit 100 mm PU-Schaum wärmegedämmt wurde.

4. Das Wärmeverteilungssystem unterteilt sich in zwei Heizkreise: Bürogebäude und Kfz- und Lagerhalle. Im Bürogebäude sind Stahlradiatoren installiert, während die Hallen mit Lufterhitzer beheizt werden. Die Temperaturspeisung beträgt $55/75^oC$.

5. Zwischen Sole- und Wasserkreis kann über einen Plattenwärmetauscher die Wärme auch direkt übertragen werden.

Um die Gefahren der Kontaktkorrosion in den Aluminiumabsorberelementen zu verhindern, wurde bei der Armaturenauswahl sowie bei der Verrohrung streng darauf geachtet, daß sich keine Mischinstallation ergibt. Deshalb wurde der Solekreis in Edelstahl ausgeführt. Lediglich bei den Wärmepumpenverdampfern, die in aller Regel in Kupfer ausgeführt werden, mußte ein Kompromiß eingegangen werden. Um das Zirkulieren von Kupferpartikeln aus den Wärmepumpenverdampfern zu verhindern, wurde jeweils am Verdampferaustritt ein Feinstfilter installiert. Um Undichtigkeiten bei Vereisungen am Solekreis zu verhindern, wurden die Stellventile mit Faltenbalgabdichtung ausgeführt.

13.2.3   Betriebsweisen

Über Umschaltventile lassen sich verschiedene Betriebsweisen einstellen. Eine wesentliche, das Heizen und Laden mit Wärmepumpe und Energiedach, ist in Abb.13.10 dargestellt. Betriebsweisen "Speicherladen mit Wärmepumpe" und "Speicherladen mit Elektrogußheizkessel" werden vornehmlich nachts zur Niedertarifzeit gefahren.

Somit läßt sich Wärme, die zur Niedertarifzeit relativ kostengün-
stig erzeugt werden kann, tagsüber für Heizzwecke nutzen.

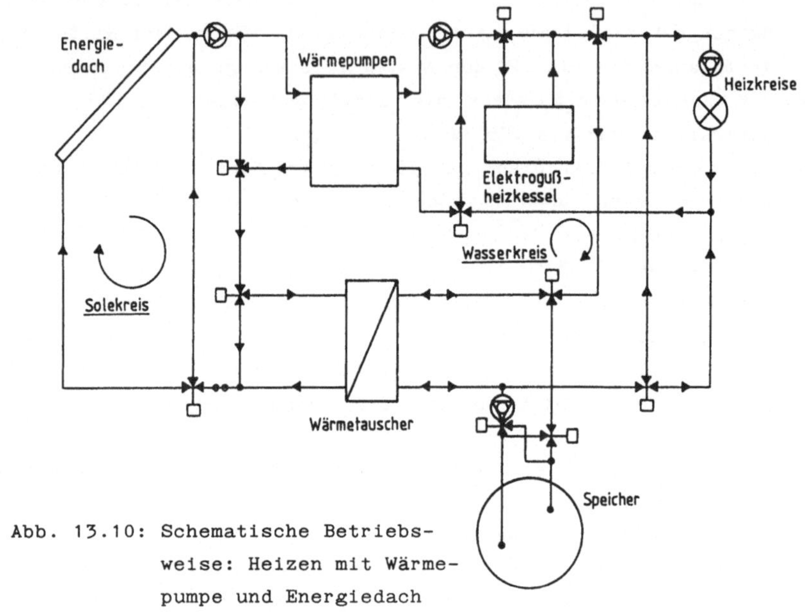

Abb. 13.10: Schematische Betriebs-
         weise: Heizen mit Wärme-
         pumpe und Energiedach

In Übergangszeiten kann die Speicheraufladung auch direkt über den
Plattenwärmeaustauscher erfolgen. Im Heizbetrieb wird zunächst immer in der Betriebsweise "Heizen mit Speicher" gefahren. Reicht
der Speicher jedoch nicht aus, wird mit der Wärmepumpe geheizt. Zu
Zeiten hohen Wärmebedarfs wird zusätzlich der Elektrogußheizkessel in Betrieb genommen. Es wird dann im bivalent-parallelen bzw.
bivalent-alternativen Betrieb gefahren.
Eine Besonderheit stellt die Betriebsweise "Speicherentladen mit
Wärmepumpe" dar. Sie wird dann sinnvoll, wenn vom Energiedach
durch zu tiefe Außentemperaturen kein Energieangebot zur Verfügung
steht und der Speicherinhalt bereits unter Vorlauftemperaturen abgekühlt ist. Der Speicherinhalt wird dann über den Plattenwärmetauscher geführt und bis +5°C abgekühlt. Über den Solekreis wird
dann die Restwärme des Speichers über den Wärmepumpenkreislauf
wieder für Heizzwecke nutzbar gemacht.

Die spezifischen Heizkosten (in Pf/kWh) sind das entscheidende
Kriterium für das Umschalten der jeweiligen Betriebsweisen.
Abb.13.11 zeigt den Verlauf der spezifischen Heizkosten, die während des Heizbetriebs am Tage entstehen, für die verschiedenen Betriebsweisen als Funktion der Leistungsziffer der Wärmepumpe bzw.
des Wirkungsgrades des Kessels. Daraus geht hervor, daß die wirt-
schaftlichste Betriebsweise das "Heizen mit Speicher" darstellt,
wobei der Speicher mit der Wärmepumpe nachts aufgeladen wurde. Am
ungünstigsten ist die Betriebsweise mit Elektrogußkessel (EDE)
tagsüber. Wird der Speicher über den Elektrogußheizkessel mit
Nachtstrom geladen, ist es tagsüber bei Wärmepumpen-Leistungszif-
fern über 1,7 günstiger, direkt mit der Wärmepumpe zu heizen.

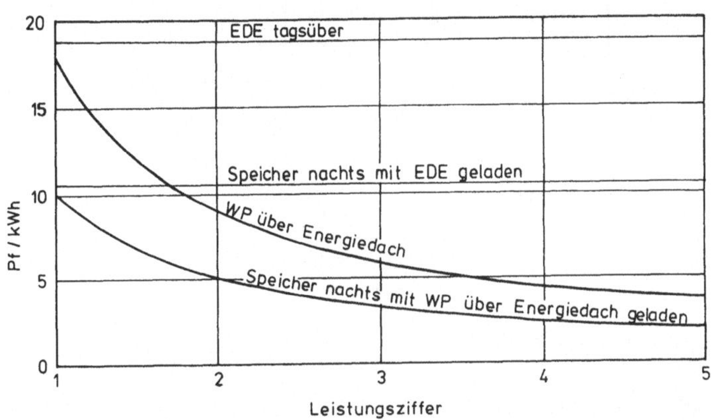

Abb. 13.11: Spezifische Heizkosten für Heizbetrieb am Tage in Abhängigkeit von der Leistungsziffer der Wärmepumpe
(EDE = Elektrogußkessel)

13.2.4 Zentrale Meßwerterfassungsanlage

In der Anlage sind für die Erfassung der wichtigsten Anlagedaten
Meßfühler installiert, die an ein elektronisches Meßwerterfas-
sungssystem angeschlossen sind. Abb. 13.12 zeigt das Blockschema
der zentralen Meßwerterfassungs-, Steuer- und Regeleinheit.
Über 4 im Meßwerterfassungsgerät eingesteckte Multiplexer-Module
mit je 20 Eingangskanälen werden in Zeitabständen von 5-6 Minuten
sämtliche in Spannungswerte umgeformte Meßgrößen über einen Digi-
tal-Voltmeter gemessen und an den Zentralrechner weitergeleitet.

Dort können die Daten gemittelt und ausgewertet, auf Disketten abgelegt oder über Bildschirm und Drucker ausgegeben werden.
Folgende Meßwerte werden erfaßt:

- 30 Temperaturen
- 7 Volumenströme
- Klimadaten wie Windgeschwindigkeit, Globalstrahlung, relative Feuchte und Außentemperatur
- Anlagendruck
- Ventilstellungen sämtlicher Ventile
- elektrische Leistungsaufnahme der Wärmepumpen sowie elektrische Gesamtleistung der Heizanlage.

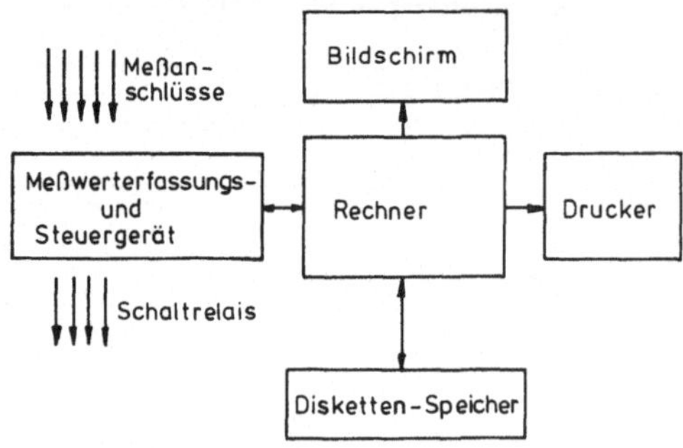

Abb. 13.12: Blockschema der zentralen Meß- und Regeleinheit

Bei der Bestimmung der Windgeschwindigkeit und der Globalstrahlung wird jeweils der Mittelwert von 40 unmittelbar hintereinander erfolgten Messungen gebildet.
Für die Verarbeitung der auf Disketten abgelegten Daten steht ein eigens entwickeltes Auswerteprogramm zur Verfügung. Damit lassen sich zeitliche Verläufe von Temperaturen, Volumenströmen, Klimabedingungen und Wärmeströmen darstellen. Ferner können Wärmepumpenkennlinien aufgenommen und die Funktionsfähigkeit des Energiemanagementprogramms und der Regelung überprüft werden.

13.2.5   Energiemanagement

Neben der üblichen Regelfunktion, wie der witterungsgeführten Vorlauftemperaturregelung, übernimmt die zentrale Meßwerterfassungs-, Steuer- und Regelanlage die Leistungsregelung der Wärmepumpen, eine Art Loadmanagement des Wärmespeichers und vor allem das Energiemanagement der gesamten Heizanlage. Durch die Komplexität einer solchen Heizanlage mit ihrer Vielzahl an Betriebsweisen und dazugehörigen Randbedingungen technischer und wirtschaftlicher Art, wurde eine Steuer- und Regeleinheit erforderlich, die in Abhängigkeit der Führungsgrößen

- Datum und Uhrzeit
- örtliche Tarifbedingungen
- Außentemperatur
- Soletemperaturen

und unter Einbeziehung der Gerätedaten die optimalen Betriebsweisen einstellt. Innerhalb der Betriebsweisen werden die jeweiligen Regelgrößen geregelt.

Die Ansteuerung der Armaturen und Geräte erfolgt vom Rechner über das Meßwerterfassungs- und Steuergerät, das 3 Actuator-Einschübe mit insgesamt 48 Relais besitzt, die wiederum potentialfreie Kontakte betätigen.

Tagsüber, zwischen 6:00 und 17:00 Uhr, wird bei Außentemperaturen unter 20° C entweder mit dem Speicher, den Wärmepumpen oder dem Elektrogußheizkessel geheizt. Der Speicher selbst wird tagsüber, außer durch Überschußwärme, die bei der Leistungsregelung der Wärmepumpen anfällt, nicht geladen. Er wird in der Zeit zwischen 22:00 und 6:00 Uhr mit günstigem Nachtstrom geladen. Während der Nacht wird in Abhängigkeit von der Außentemperatur der Heizbetrieb für eine bestimmte Dauer ausgesetzt. Hier errechnet der Computer die zu jedem Temperaturwert optimale Absenkdauer.

An den Wochenenden und Feiertagen wird die Sollvorlauftemperatur automatisch um 15 K abgesenkt.

Im folgenden soll auf die Regelung des Speicherladezustandes und auf die Leistungsregelung der Wärmepumpen näher eingegangen werden. Über Ventilanhebung und Zu- und Abschalten der Wärmepumpen läßt sich während der Betriebsweise "Heizen mit Wärmepumpe" die Wärmepumpenleistung automatisch an den Heizbedarf anpassen. In dieser Betriebsweise kann ferner die Heizungsvorlauftemperatur durch Beimischen von kälterem Wasser aus dem Speicher geregelt werden. Dabei wird der bei der jeweiligen Wärmepumpenleistungsstufe für die Heizung nicht benötigte Wärmestrom in den Speicher geleitet. Wird im Speicher ein vorgegebener Ladezustand erreicht, übernimmt der Speicher die Heizung alleine.

Abb.13.13 zeigt in Abhängigkeit von der Uhrzeit den Verlauf der Energieströme bei den jeweiligen Betriebsweisen, wobei die Flächen unter den Kurven Energiebeträge darstellen.

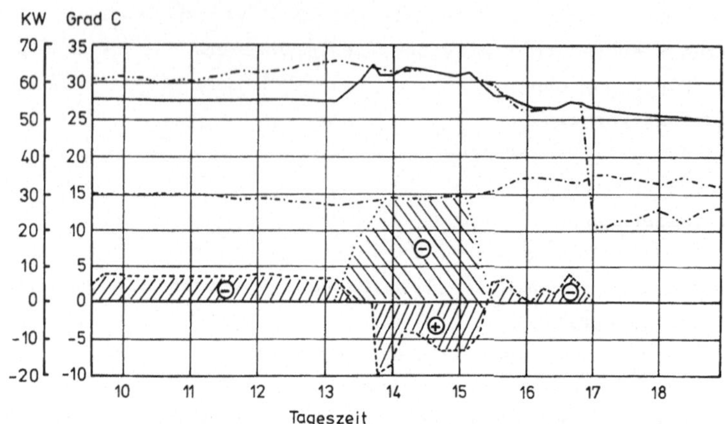

Abb. 13.13: Tagesverlauf der Energieströme und Temperaturen
--·'·-- Vorlauftemperatur Soll
———— Vorlauftemperatur Ist
-·-·-· Außentemperatur
⊟ Entladen des Speichers
⊕ Laden des Speichers
⊖ Leistungsaufnahme der Wärmepumpe

Während des Vormittags wird das Gebäude aus dem Speicher geheizt. Kurz nach 13.00 Uhr überschreitet die Differenz zwischen Soll- und Ist-Wert der Vorlauftemperatur 5K. Die Wärmepumpe wird stufenweise eingeschaltet. Da die Leistung der Wärmepumpe jedoch die benötigte Heizleistung überschreitet, wird die Überflußenergie in den Speicher abgegeben. Kurz nach 15.00 Uhr schaltet das System wieder auf Speicherheizung um. Einige Minuten vor 17.00 Uhr erfolgt die Nachtabsenkung der Solltemperatur, das Heizsystem schaltet ab. Mit Beginn des Nachtstromes wird die Aufheizung des Speichers durch Wärmepumpe oder Heizstab beginnen.
Die Be- und Entladung des Speichers wird grundsätzlich unter Berücksichtigung maximaler Kosten- und Energieeinsparung vom Rechner gesteuert. Über Temperaturfühler im Wärmespeicher läßt sich der Ladezustand des Speichers jederzeit bestimmen.

Da während der Nachtzeit (22:00 bis 6:00 Uhr) mit Niedertarif gefahren werden kann, wird aus wirtschaftlichen Erwägungen im allgemeinen der Speicher in der Zeit von 22:00 bis 6:00 Uhr geladen. Dazu werden zunächst vom Rechner aufgrund der am Tage gesammelten Meßwerte wie Außentemperatur und Heizenergieverbrauch der Heizbedarf und die Sollvorlauftemperatur des folgenden Tages abgeschätzt. Unter Berücksichtigung des Restwärmeinhaltes des Pufferspeichers läßt sich nun genau die Speicheraufladedauer bei gegebener Heizleistung der Wärmepumpe berechnen. Bei geforderten Vorlauftemperaturen von über 55°C muß zusätzlich der Elektrogußheizkessel im bivalent-parallelen- bzw. Alternativ-Betrieb gefahren werden. Während des Aufladebetriebes kann jederzeit der Speicherladezustand überprüft und mit dem Soll-Wert verglichen werden. Durch Vergleich der im Speicher zu Beginn des Aufladebetriebs noch vorhandenen Restwärme mit den zuvor berechneten Verbrauchswerten kann ferner vom Rechner die Abschätzung des benötigten Heizbedarfs des folgenden Tages adaptiv an die tatsächlichen Verbrauchswerte angepaßt werden.

13.2.6 <u>Betriebserfahrungen und erste Ergebnisse</u>

Im Herbst 1984 wurde die bivalente Heizanlage in Betrieb genommen. Zunächst konnte die Anlage jedoch nur mit einer Wärmepumpe betrieben werden, da für die zweite Wärmepumpe mit 73 kW (bei 0° C Soleeintritt, 55° C Heizungsvorlauf) der Abnahmetest noch nicht erfolgreich abgeschlossen werden konnte.
Die Energiedachkonstruktion hat sich jedoch während der ersten Heizperiode bewährt. Selbst bei 10 cm Schneeauflage konnten noch Absorberleistungen von 120 W/m^2 gemessen werden.
Ein Vergleich der gemessenen Kenngrößen der Wärmepumpe mit den Werksangaben zeigte, daß sowohl die bestimmten Heizleistungswerte als auch die gemessenen Werte für die Leistungsaufnahme zu niedrig lagen; die Leistungsziffern stimmten gut mit den Werksangaben überein.
Diese ersten Ergebnisse zeigen, daß bivalente Energiedach-Systeme mit Wärmepumpe und großem Speicher durch Auswahl geeigneter Komponenten und Optimierung der Steuerung bereits heute auch betriebswirtschaftlich sinnvoll arbeiten können.

13.3   Brauchwasseranlage nach dem Thermosiphonprinzip

Brauchwasseranlagen nach dem Thermosiphonprinzip gehören zu den einfachsten und somit auch potentiell kostengünstigsten solaren Systemen.

Bei diesem Prinzip nutzt man die Ausdehnung eines Wärmeträgermediums bei Erwärmung zur automatischen Regelung des gesamten Kollektor-Speichersystems aus.

Die im Kollektor erwärmte und somit leichtere Flüssigkeit steigt nach oben in den höher gelegenen Speicher. Gleichzeitig fließt aus dem Speicher die relativ kältere und somit schwerere Flüssigkeit in den Kollektor zurück.

Abbildung 13.14 zeigt vier unterschiedliche Grundtypen von Thermosiphonanlagen:

      Systeme mit und ohne Wärmeaustauscher sowie
      Systeme mit und ohne Rückschlagklappe

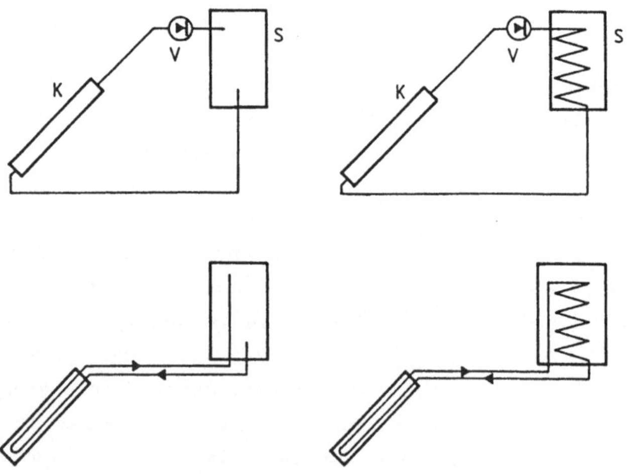

Abb. 13.14: Unterschiedliche Typen von Thermosiphonanlagen mit und ohne Wärmeüberträger bzw. mit und ohne Ventil

Die Schwierigkeit dieser mechanisch sehr einfachen Systeme liegt in der richtigen Auslegung von Rohrdurchmessern, Wärmeübertragungsflächen, Durchflußmengen, Höhendifferenz zwischen Speicher und Kollektor sowie allgemeinen Kollektor- und Speicherkenndaten.

In warmen Klimazonen wie in Israel oder Australien werden offene Einfachsysteme ohne Wärmeaustauscher seit vielen Jahren mit großem Erfolg eingesetzt.

Für unsere Klimazonen benötigt man jedoch geschlossene Systeme mit frostsicherem Wärmeträgermedium und Wärmetauscher im Speicher. Beide Tatsachen verteuern zum einen den Preis der Anlage und vermindern den Wirkungsgrad der Systeme, sodaß lange Zeit behauptet wurde, Thermosiphonanlagen seien unter unseren klimatischen Bedingungen nicht sinnvoll einsetzbar.

Inzwischen existieren aber Simulationsprogramme, die eine optimale Auslegung eines Thermosiphonkollektorsystems unter bestimmten klimatischen Randbedingungen ermöglichen /61/.

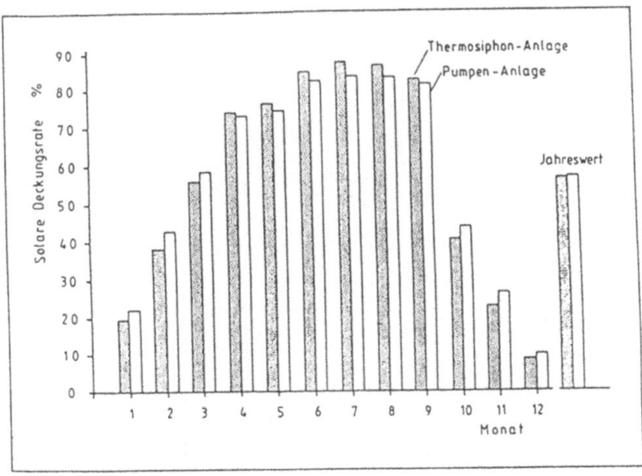

Abb. 13.15: Gegenüberstellung der monatlichen und jährlichen solaren Deckungsraten für Thermosiphon- und Pumpensysteme

Experimentelle Vergleiche von Brauchwasserkollektorsystemen mit Pumpenregelung und Thermosiphonprinzip zeigen, daß beide Systeme bei ähnlicher Kollektorauslegung zu fast gleich großen solaren Deckungsraten gelangen. Die Systemkenndaten lagen in diesem Fall bei:

$5,24 \ m^2$ Kollektoraperturfläche

$1,5 \ m^2$ Übertragerfläche

$200 \ l$ Speichervolumen.

Abbildung 13.15 zeigt einen Vergleich der monatlichen und jährlichen Deckungsraten für beide Systeme.

Ein ökonomischer Vergleich zeigt, daß die Thermosiphonanlage aufgrund der geringeren Investitionskosten zu etwas günstigeren Wärmepreisen führt als die Pumpenanlage /62/.

Abbildung 13.16 zeigt die erreichbaren Wärmepreise für die beiden Systeme für unterschiedliche Kollektorpreise in Abhängigkeit von der Kollektorfläche für derzeit in der Bundesrepublik übliche Systempreise.

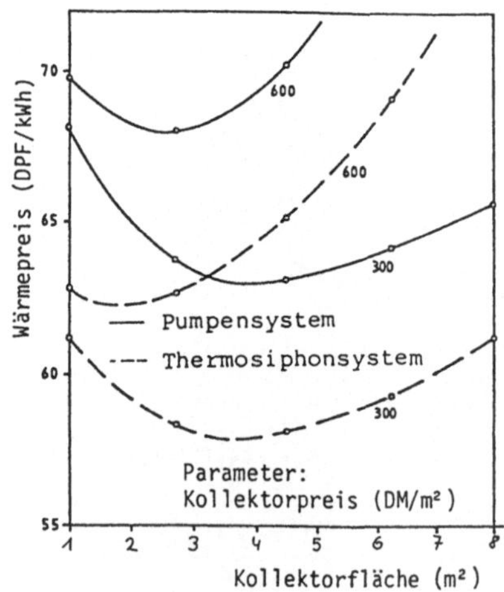

Abb. 13.16: Wärmepreis der Pumpen- und Thermosiphon-Referenzanlage als Funktion der Kollektorfläche bei unterschiedlichen Kollektorpreisen (reale Preise BRD)

In Abbildung 13.17 sind die Preise für ein zukünftiges Szenario aufgetragen, bei dem vor allem die Kosten für die Speicher und die Montage deutlich reduziert sind. Die bei der Kostenabschätzung verwendeten Eckdaten sind in Tabelle 13.3 zusammengefaßt.

Tabelle 13.3: Angenommene Kosten und Randbedingungen der Pumpen- und Thermosiphon-Referenzanlage für zwei Szenarien

Kosten für:	realististisches Szenario		optimistisches Szenario		
	Pumpen	Siphon	Pumpen	Siphon	
Speicher	1500		500		DM
Wärmeüberträger	600		350		DM
Zusatzheizung	1000		1000		DM
Zubehör	1500	1000	700	300	DM
Montage	2500		300		DM
Wartung	50	100	50	100	DM

Inflationsrate	3,5 %/a	Energiepreissteigerung	7,5 %/a
Diskontsatz	8,0 %/a	Lebensdauer	15 a
Strompreis	o,19 DM/kWh	Wärmebedarf	2233 kWh/a

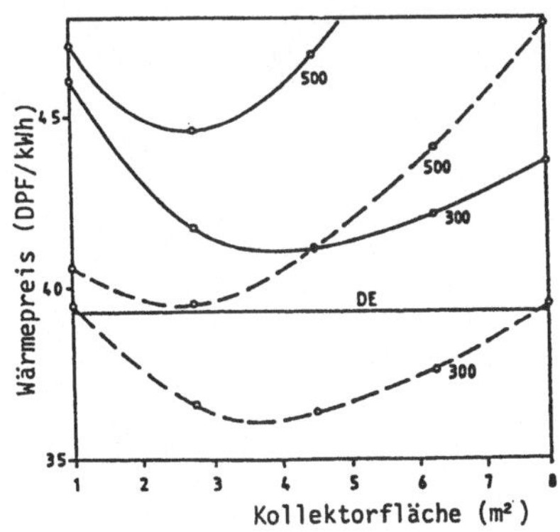

Abb. 13.17:Wärmepreis der Pumpen- und Thermosiphon-Referenzanlage als Funktion der Kollektorfläche bei unterschiedlichen Kollektorpreisen für ein optimistisches Szenario (DE = Preise für Wärmeerzeugung mit Durchlauferhitzer)

Ansätze, daß diese Eckdaten auch real erreicht werden können, zeigen Produkte aus dem benachbarten Ausland (vor allem Frankreich), wo durch gezielte Neuentwicklung, Kompaktbauweise und Großserienherstellung die Preise für fertig installierte Systeme bis zu einem Faktor 2 unter dem deutscher Anbieter liegen.

Dies deutet die Möglichkeit an, daß mittelfristig auch in der Bundesrepublik solare Brauchwasseranlagen - bevorzugt mit Thermosiphonprinzip - wirtschaftlich eingesetzt werden können.

13.4   Neuartige Kollektorysteme mit integriertem Speicher

Bereits im vorangegangenen Abschnitt wurde gezeigt, daß die Wirtschaftlichkeit einer Kollektoranlage maßgeblich an den Gesamtsystemkosten hängt und es daher notwendig ist, die Systeme möglichst einfach aufzubauen. Die Thermosiphonanlage bringt hier bereits Vorteile gegenüber konventionellen Anlagen mit Pumpen. Die Entwicklung der transparenten Wärmedämmaterialien ermöglicht eine weitere drastische Vereinfachung der Kollektoranlage, wie sie in

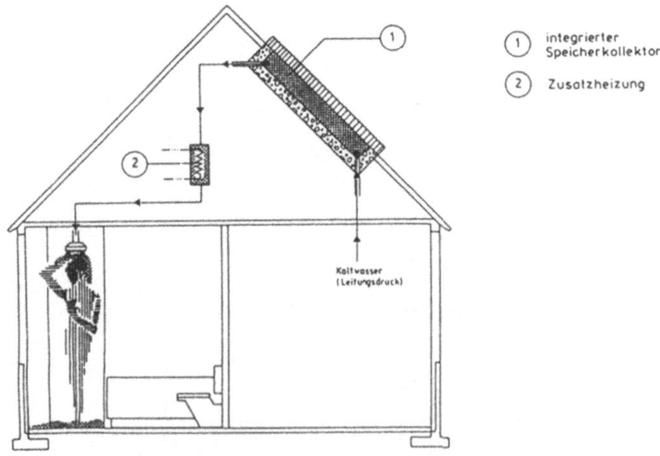

Abb. 13.18: Schematische Darstellung einer solaren Brauchwasseranlage mit transparent wärmegedämmtem, integriertem Speicherkollektor

Abbildung 13.18 schematisch dargestellt ist. Kollektor und Speicher bilden hier eine Einheit, die nach außen hin durch eine transparente Wärmedämmung abgedeckt ist /63/64/.

Die gute Wärmedämmung dieser neuen Materialien sowie die hohe Wärmekapazität des gespeicherten Wassers verhindern ein Einfrieren des Kollektors selbst unter härtesten Klimabedingungen in Mitteleuropa.

Damit erübrigt sich der Einsatz eines getrennten Kollektorkreislaufs mit Frostschutzmittel. Der Speicherkollektor kann direkt an das Kaltwasserleitungsnetz angeschlossen werden, benötigt selbst keine Pumpen oder sonstige Regeleinheiten und liefert am Ausgang warmes bzw. vorgewärmtes Wasser, welches direkt oder in Verbindung mit einem Durchlauferhitzer genutzt werden kann.

Die bisher durchgeführten Versuche an verschiedenen Prototypen zeigten voll zufriedenstellende Ergebnisse /65/.

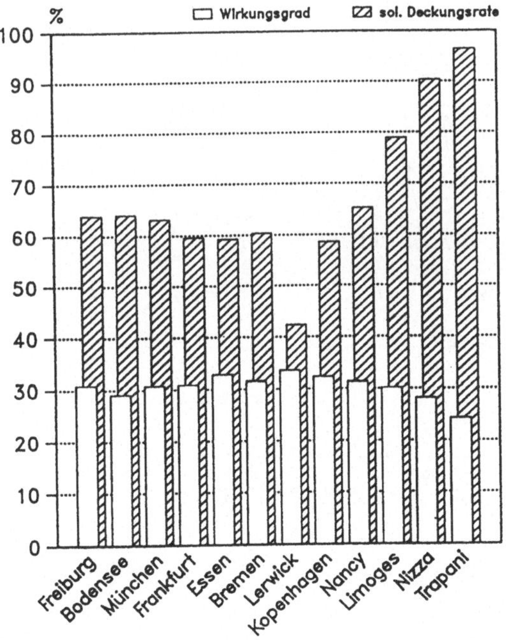

Abb. 13.19: Jährliche solare Deckungsrate und Jahreswirkungsgrad für verschiedene europäische Standorte

Mit Hilfe der experimentell gewonnenen Kollektorkenndaten wurden
für verschiedene europäische Standorte der Wirkungsgrad und die
solare Deckungsrate bestimmt. Abbildung 13.19 zeigt eine Zusammenstellung dieser Ergebnisse.

Die Wirkungsgrade liegen weitgehend im Bereich um 30 %, das liegt
über den Werten der meisten konventionellen Anlagen.

In Abbildung 13.20 ist ein Vergleich verschiedener Solaranlagen
mit dem Speicherkollektor (ISE) und der Vakuumkollektoranlage im
Solarhaus in Freiburg-Tiengen (siehe 13.1) dargestellt.

Auf der Abszisse ist der spezifische Bedarf der Kollektoranlagen
aufgetragen, welcher eine charakteristische Kenngröße für die Auslegung einer Solaranlage ist.

Aus den Kollektor- und Speicherkenndaten lassen sich die solare
Deckungsrate und der Jahreswirkungsgrad in Abhängigkeit von dem
spezifischen Bedarf berechnen.

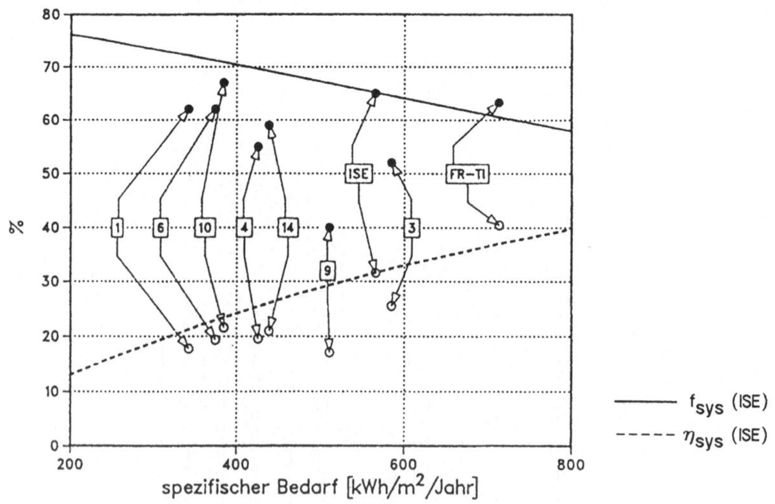

Abb. 13.20: Vergleich der solaren Deckungsrate f und des Jahreswirkungsgrades η einer Solaranlage mit ISE-Speicher-
kollektoren mit installierten Anlagen
FR-TI   Versuchshaus Freiburg
1 ... 14   Solarsysteme aus dem TÜV-Test /66/

Die beiden Kurven zeigen diese Kennwerte des Speicherkollektors
für unterschiedliche Flächenauslegung.

Man erkennt daran, daß der Speicherkollektor in seinen Kenndaten
sämtliche anderen Kollektorsysteme bis auf das sehr aufwendige und
teure solare Versuchshaus mit Vakuumröhrenkollektoren übertrifft.
Die Überführung dieser neuen Kollektorvarianten in die Serienpro-
duktion ist derzeit in Vorbereitung. Es ist damit zu rechnen, daß
dadurch die betriebswirtschaftliche Wirtschaftlichkeitsgrenze von
solaren Brauchwasseranlagen überschritten werden kann.

13.5 Solarkocher mit integriertem Ölspeicher

Ein großer Teil des Energiebedarfs in den Ländern der Dritten Welt
wird zum Kochen verwendet. Aufgrund des hohen Strahlungsangebots
bietet sich die Nutzung der Solarenergie zum Kochen an. Allerdings
haben sich die meisten der bisher konstruierten Kocher in der Anwendung aus folgenden Gründen problematisch erwiesen:

1. Die meisten Solarkocher besitzen keinen Speicher, sodaß nur
   dann gekocht werden kann, wenn die Sonne scheint. Nach Sonnenuntergang kann nicht mehr gekocht werden, was aber in vielen
   Ländern der Dritten Welt üblich ist.
2. Konzentrierende Systeme müssen der Sonne nachgeführt werden.
3. Es ist nicht möglich, im Haus oder im Schatten zu kochen.
4. Oft sind Solarkocher empfindlich gegen Wind und mechanische
   Beanspruchung, z.B. an Spiegeln und Nachführeinrichtungen
5. Die Kocher sind nicht effizient genug, d.h. die Kochzeiten
   sind zu lang.
6. Das Kochgut ist während des Kochens nicht bequem zugänglich.
7. Die Geräte sind zu teuer.

13.5.1 Kocherprinzip

Unter Berücksichtigung dieser negativen Erfahrungen haben unsere
Überlegungen zu einer Kocherkonstruktion geführt, die auf dem Einsatz von hocheffizienten Flachkollektoren basiert. Der schematische Aufbau der Konstruktion ist in Abbildung 13.21 dargestellt.
Um bei Temperaturen von über 100°C arbeiten zu können, wird als
Wärmeträgermedium Öl verwendet, das ohne Pumpe durch Ausnutzung
des Thermosiphoneffektes durch den Ölspeicher zirkuliert.

Der Speicher muß so gut isoliert sein, daß die Temperatur des Öltanks auch nach der Auskühlung über Nacht noch etwa 100°C beträgt.

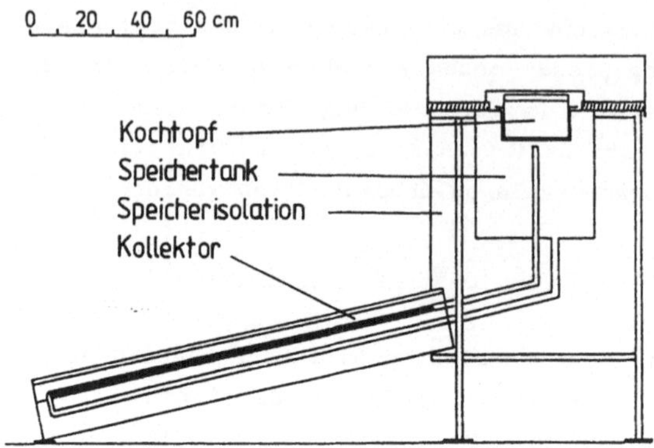

Abb. 13.21: Prinzipskizze des Solarkochers

13.5.2 Beschreibung des Kochers und experimentelle Ergebnisse

Um Anhaltspunkte für die Dimensionierung der verschiedenen Systemkomponenten zu erhalten und um die erwarteten Speichertemperaturen abschätzen zu können, wurden zunächst Computersimulationen durchgeführt. Nach diesen Berechnungen wurde ein Solarkocher gebaut, der seit Mai 1984 in Freiburg getestet wird /67/.
Die Größe des Kochers wurde so dimensioniert, daß damit während einer Schönwetterperiode unter den Einstrahlungsbedingungen von Freiburg gekocht werden kann. Der Kupferabsorber des Kollektors hat eine Fläche von 1,7 m^2 und ist selektiv beschichtet. Die Innendurchmesser der 5 Steigrohre betragen 16 mm und sind so ausgelegt, daß der Thermosiphon trotz der hohen Viskosität des Öls ausreichende Transportraten erreicht. Der zylinderförmige Ölspeicher ist 65 cm lang und hat einen Durchmesser von 32 cm. Er ist eben so geformt, daß außer dem Topfboden auch die Topfwand bis zu einer Höhe von 13 cm direkten Kontakt mit der Speicherwand hat, damit der Wärmetransport vom Speicher zum Kochgut möglichst gut ist. Der Topfinhalt beträgt 5,5 l. Der Speicher ist mit einer 20cm starken Isolation (λ = 0,04 Wm^{-1}K^{-1}) versehen. Das Gesamtöl-

volumen beträgt 50 l. Zur Speichertemperaturmessung sind 4 Meßfühler in gleichmäßigen Abständen über die Gesamthöhe des
Speichers verteilt.

Die ersten Ergebnisse bestätigten die Funktionsfähigkeit der
Solarkocherkonstruktion. Es konnten maximale Speichertemperaturen
von 160°C erreicht werden. Abbildung 13.22 zeigt den Verlauf der
Speichertemperaturen über den Zeitraum von 4 Tagen.

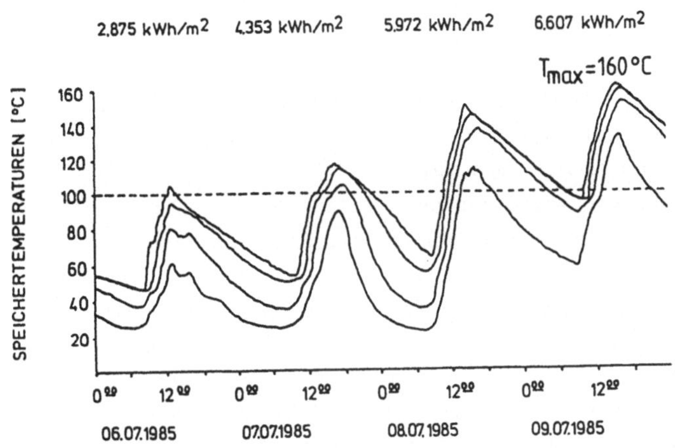

Abb. 13.22: Verlauf der Temperaturen im Speicher des Solarkochers

Man erkennt deutlich die Schichtung des Speichers, das starke Erwärmen des Speichers während des Tages sowie auch das deutliche
Abnehmen der Speichertemperatur während der Nacht. Die Ursache des
Abkühlens lag zum Teil auch an einer Umkehr des Thermosiphoneffektes in der Nacht und wurde inzwischen durch den Einbau einer Rück-
schlagklappe behoben. Insgesamt erreichte der Kocher im Zeitraum
von Mai bis Juli 1984 an 28 von 46 Meßtagen eine Temperatur von über
110°C. An 12 Tagen wurde Essen in Mengen von 5 l gekocht.

Inzwischen stehen leicht modifizierte Modelle zur Erprobung in zwei
afrikanischen Ländern. Die bisher erhaltenen Ergebnisse zeigen,
daß sich dieses Kocherprinzip auch in der Praxis bewährt. Die Probleme liegen derzeit in der noch etwas aufwendigen Bauweise, die
man jedoch durch Großserienproduktion bei uns oder Bau vor Ort mit
Mitteln aus den Ländern der Dritten Welt lösen können wird.

14. Transparent wärmegedämmte Gebäudefassaden

In Kapitel 9.6 wurde das Prinzip der lichtdurchlässigen oder transparenten Wärmedämmung beschrieben und Meßergebnisse erster Experimente vorgestellt. Zwischenzeitlich wurden eine Vielzahl transparent wärmegedämmter Fassaden (TWD-Fassaden) realisiert. Eines der wissenschaftlich sicher interessantesten Projekte ist das Energieautarke Solarhaus, das Ende 1992 fertiggestellt wurde /70/71/. Der gesamte Energiebedarf des Hauses wird durch die auf die Gebäudehülle auftreffende Sonnenstrahlung gedeckt. Die Heizwärme wird bis auf einen berechneten Zusatzenergiebedarf von 300 kWh pro Heizperiode direkt über die südorientierten Fenster und TWD-Elemente bereitgestellt.

Solare Heizungssysteme wurden in der Vergangenheit hauptsächlich mit einem saisonalen Speicher konzipiert. Das hohe Solarangebot im Sommer wird mittels thermischer Kollektoren überwiegend als fühlbare Wärme in großen Speichern zur Nutzung in der Heizperiode aufbewahrt. Die Betriebsenergie und die Dimension und der thermische Verlust des Speichers sind die hauptsächlichen Nachteile dieses Systems. Ein TWD-Heizungssystem nutzt direkt das Strahlungsangebot im Winter und führt die Wärme rein passiv dem Gebäude zu. Der Nachteil dieses Systems liegt darin, daß es über einen Großteil des Jahres nicht benötigt wird.

Der gewöhnliche Wärmedurchgangskoeffizient (k-wert) einer Wand oder eines Fensters beschreibt allein die thermische Eigenschaft der Probe und kann als Materialkennwert bezeichnet werden. Effekte durch Sonnenstrahlung werden nicht berücksichtigt. k-Werte für Fenster sind streng genommen nur nachts verwendbar. Eine Wärmestrombilanz aus Strahlungstransmission und Wärmeströmen auf Grund von Temperaturunterschieden beschreibt das energetische Verhalten eines transparenten Systems besser. Hierzu wird der "effektive Wärmedurchgangskoeffizient k_{eff}" eingeführt.

Der effektive k-Wert wird definiert als

$$k_{eff} = q_W / (T_R - T_A).$$

Mit

$$q_W = (k_W / (k_W + k_I)) \cdot (k_I (T_R - T_A) - S),$$
$$S = \tau \cdot \alpha \cdot G \quad \text{und}$$
$$\eta = \tau \cdot \alpha (1 + k_I / k_W)^{-1}$$

aus Kapitel 9.6 erhält man

$$(14.1) \quad k_{eff} = k_W \cdot k_I /(k_W + k_I) - \eta \cdot G /(T_R - T_A)$$

Der erste Term beschreibt die statischen Wärmeleitverhältnisse der transparent wärmegedämmten Fassade, der zweite Term die durch Wirkungsgrad, globale Einstrahlung, Raumtemperatur und Außentemperatur bedingten dynamischen Einflüsse. Damit ist der k_{eff}-Wert eine zeit- und ortsabhängige Größe. Negative k_{eff}-Werte bedeuten, daß die Wärmegewinne der TWD-Fassade größer als die Wärmeverluste sind.

In Formel (9.1) für den Wirkungsgrad einer transparenten Wärmedämmung wird davon ausgegangen, daß die gesamte Strahlungsenergie auch genutzt werden kann. Dies ist für die Winterzeit korrekt, aber schon in den Übergangsmonaten wird die Verschattung der Elemente in der Regel benötigt. Die Wärmegewinne einer TWD-Fassade können maximal den gesamten Heizenergiebedarf (Transmissionsverluste und Energiebedarf für den notwendigen Luftwechsel) eines Gebäudes abdecken. Darüber hinaus käme es zur Überhitzung des Gebäudes, wenn die TWD-Fassade nicht verschattet würde. In Gleichung (14.2) wird deshalb ein Nutzungsfaktor N eingeführt, der diesen Effekt berücksichtigt.

$$(14.2) \quad k_{eff} = k_W \cdot k_I /(k_W + k_I) - \eta \cdot G \cdot N /(T_R - T_A)$$

In Abbildung 14.1 sind Monatsmittelwerte des k_{eff}-Werts für eine TWD-Fassade gezeigt. Für N = 1 ist η die Steigung der Geraden; für G = 0 ist der k_{eff}-Wert gleich dem gewöhnlichen k-Wert des Wandaufbaus.

Durch Multiplikation dieser Gleichung mit den entsprechenden Temperaturdifferenzen und Integration über die Zeit erhält man die Energiebilanz der TWD-Fassade:

$$Q_{eff} = Q_W - N \cdot Q_{solar}$$

Diese ist gleich der Differenz zwischen den Verlusten und dem Produkt aus dem Nutzungsgrad und maximalen solaren Gewinnen.

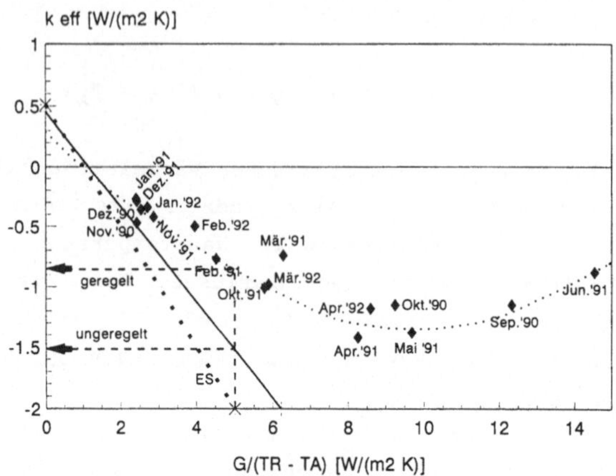

Abb. 14.1: Monatsmittel der gemessenen k_{eff} - Werte für eine geregelte TWD-Fassade (Altbausanierung Projek Sonnäckerweg, SW-Orientierung, k_I=o,8 W/m^2K, k_W = 1 W/m^2K) in
Abhängigkeit des Quotienten aus monatlicher
Globalstrahlung auf die TWD-Fassade und dem
Monatsmittel der Differenz zwischen Raumtemperatur T_R
und Außentemperatur T_A. Die durchgezogene Gerade stellt
nach Gleichung (14.1) den theoretischen Kurvenverlauf
im ungeregelten Fall dar. Der Schnittpunkt mit der Ordinate
entspricht dem k-Wert, die Steigung entspricht dem
Wirkungsgrad η. Zum Vergleich ist punktiert die
theoretische Kennlinie der TWD-Fassade des
Energieautarken Hauses (ES) eingezeichnet. Man erkennt
die Wirkungsgrad-Verbesserung von 35 % auf 50 %.

Ein wichtiger Schritt für die Realisierung transparent
wärmegedämmter Gebäude war die theoretische Beschreibung und
Einbindung in dynamische Gebäudesimulationsprogramme. In einem
ersten Schritt wurden nach der finiten Differenzenmethode die
partiellen Differentialgleichungen zur Beschreibung der Wärmeleitung unter sich ändernden Randbedingungen für eine TWD-Fassade
gelöst. Mit stündlichen Wetterdaten konnte so das dynamische
Verhalten der Fassade beschrieben werden. Dieses Programm diente
als Basis für ein Simulationsprogramm, mit dem der Einfluß einer

TWD-Fassade auf das thermische Verhalten und den Heizwärmebedarf eines gesamten Gebäudes erstmals vorausgesagt werden konnte /72/. Dynamische Simulationsprogramme sind heute zu einem wichtigen Bestandteil einer energieverbrauchsminimierenden Gebäudeplanung geworden. Als überaus flexibles Programm ist das Simulationsprogramm TRNSYS (Transient System Simulation Program) weit verbreitet. Die modulare Struktur des Programms hat die Einbindung eines Moduls zur Beschreibung einer TWD-Fassade erleichtert.

In der Zusammenarbeit von Forschungseinrichtungen mit Herstellern, Architekten, Baufrauen und Bauherren ist heute die gesamte Fläche transparent wärmegedämmter Fassaden auf über 5000 m^2 angestiegen /73/.

Ein Ausführungsbeispiel einer TWD-Fassade ist im Schnitt in Abbildung 14.2 gezeigt. Eine äußere Glasscheibe dient als Witterungsschutz. Zwischen Glasscheibe und TWD-Material befindet sich die Verschattungseinrichtung. Das TWD-Material kann entweder direkt oder mit einem Luftspalt an die schwarze Außenwandoberfläche

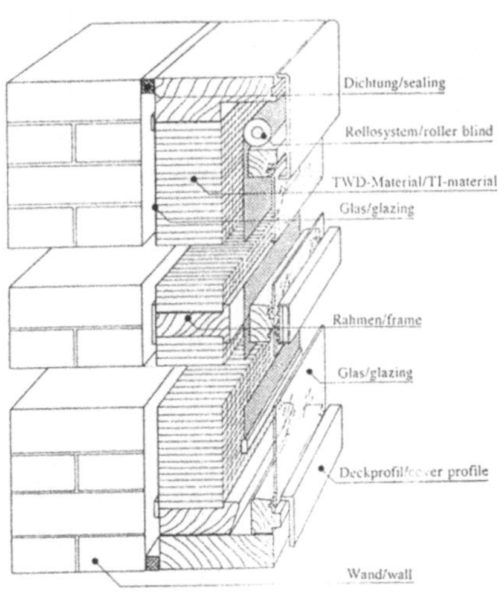

Abb. 14.2: Ausführungsbeispiel einer TWD-Fassade

anschließen. Im letzteren Fall muß mit einer transparenten Folie oder einer Glasscheibe das TWD-Material einseitig verschlossen werden, um eine großflächige Konvektion zwischen hinterem und vorderem Luftspalt zu verhindern.

Eine TWD-Fassade wird im allgemeinen aus einzelnen TWD-Elementen mit einer Fläche von typischerweise 2 m^2 zusammengesetzt. Bei den Elementrahmen ist auf eine möglichst wärmedämmende Konstruktion zu achten. Die äußere Glasscheibe kann aus gewöhnlichem Glas oder aus eisenfreiem Glas mit höherer Transmission sein. Die innere Glasoberfläche kann rauh sein, um störende direkte Reflexionen zu reduzieren. Eine rauhe Außenoberfläche der Glasscheibe tendiert zu stärkerer Verschmutzung.

Zur Verschattung der TWD-Elemente und Regelung der Sonnenenergienutzung wurden bis heute hauptsächlich Folien-Rollos eingesetzt. Beidseitig aluminisierte Kunststoffolien oder Gewebe haben einen hohen Reflexionswert für Sonnenstrahlung und Infrarotstrahlung. Dadurch wird der Wärmeverlust des TWD-Elements bei geschlossener Verschattung reduziert. Andere Verschattungseinrichtungen wie Jalousien oder Vorhänge sind in der Erprobung. Für hocheffiziente TWD-Elemente ist eine möglichst vollständige Reflexion der Sonnenstrahlung zur Vermeidung unerwünschter sommerlicher Erwärmung der Fassade unerläßlich.

Eine erste Version eines Steuergeräts für eine Verschattung öffnet die Verschattung, wenn das gleitende Stundenmittel der Außentemperatur kleiner als eine Grenztemperatur, die Einstrahlung größer als ein Schwellwert und die Absorbertemperatur kleiner als eine Grenztemperatur ist.

Mit folgenden Werten wurden TWD-Fassaden gesteuert:

> Grenztemperatur für das gleitende Stundenmittel der
> Außentemperatur 14 °C, Mittlungszeitraum 24 Stunden
> Schwellwert der Einstrahlung 50 W/m^2
> Grenztemperatur für den Absorber 80 °C.

Das gleitende Mittel der Außentemperatur wird stündlich neu berechnet; es ergibt sich aus den Stundenmittelwerten der jeweils zurückliegenden vorgegebenen Anzahl von Stunden; damit wird die thermische Trägheit einer TWD-Fassade berücksichtigt.

Ein weiterentwickeltes Regelgerät soll Raumlufttemperatur und Temperatur der TWD-Innenwandoberfläche mit berücksichtigen.

Für die Außenwandoberfläche wurde bis auf kleinflächige Experimente eine wasserlösliche und diffusionsoffene schwarze Farbe verwendet. Eine selektive Beschichtung der Wandoberfläche verbessert den Wirkungsgrad des Systems, ist aber auf Baustellen schwer realisierbar. Zum einen ist die Basis einer guten selektiven Schicht eine Metallfolie, zum anderen ist die selektive Oberfläche recht empfindlich.
Von großer energetischer Bedeutung ist ein konvektionsdichter Anschluß der Rahmen der TWD-Elemente an die Fassade. Schon kleine Luftdurchlässe können die Wirkungsgrade drastisch verschlechtern, wenn sich an der TWD-Fassade eine an die Umgebung gerichtete Konvektion ausbilden kann.

TWD-Elemente müssen schlagregendicht und trotzdem luft- und dampfdiffusionsoffen sein. Die tagsüber sich erwärmende und damit ausdehnende Luft im TWD-Element wird aus dem Element herausgedrückt; das sich nachts abkühlende Luftvolumen saugt Außenluft in das TWD-Element. Durch diesen täglichen Luftaustausch in der Größenordnung von 40 Liter/m^2 kann Feuchtigkeit aus dem TWD-Element transportiert werden. Obwohl im jährlichen Mittel die Dampfdiffusion durch eine TWD-Fassade auf Grund der Temperaturen im Mauerwerk entsprechend den Wärmeströmen von außen nach innen verläuft, kann es kurzzeitig zu Feuchtekonzentrationen im TWD-Element kommen, die zu Beschlag auf der Innenoberfläche der äußeren Verglasung führen.

Das physikalische Verhalten einer TWD-Fassade, der Wirkungsgrad der Strahlungsnutzung und die schlußendliche Reduzierung des Heizwärmeverbrauchs des Gebäudes sind die Größen, die im Vordergrund der meßtechnischen Begleitung der Projekte stehen.
Eine typische Anordnung von Sensoren ist in Abbildung 14.3 schematisch gezeigt. Außenlufttemperatur, Oberflächentemperatur der Glasscheibe, Absorbertemperatur, Temperatur der Innenwandoberfläche, Raumlufttemperatur, Globalstrahlung in der Orientierung der TWD-Elemente, Wärmestromdichte an der Absorberfläche und an der Innenwandoberfläche werden gemessen.

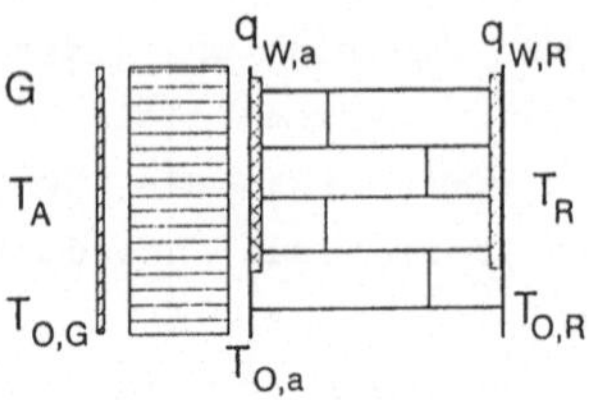

Abb. 14.3: Anordnung von Sensoren zur meßtechnischen Erfassung der Wirkungsweise einer TWD-Fassade

G: Globalstrahlung $\qquad$ T_A: Außentemperatur

$T_{0,G}$: Oberflächentemperatur Glasscheibe

$T_{0,a}$: Absorbertemperatur $\quad$ $T_{0,R}$: Temperatur Wand (innen)

T_R: Raumlufttemperatur

$q_{W,a}$: Wärmestrom Außenwandoberfläche

$q_{W,R}$: Wärmestrom Innenwandoberfläche

Durch die thermische Masse der Wand ist das System träge, was große Zeitintervalle zwischen einzelnen Messungen erlaubt. Die sich kurzzeitig sehr stark ändernde Sonneneinstrahlung erfordert allerdings kurze Zeitintervalle im Bereich von 20 Sekunden, um die Strahlungsenergie ausreichend genau zu erfassen.
Ein Beispiel von Meßwerten ist in Abbildung 14.4 gezeigt.
Direkte Solargewinne durch das Fenster ergänzen sich mit den zeitverzögerten Gewinnen durch die TWD-Elemente. Stehen Fensterflächen und TWD-Flächen im richtigen Verhältnis zueinander, so kann ein ganztägiger solarer Energieeintrag erreicht werden. Das Verhältnis der Flächen ist von der thermischen Masse des Gebäudes abhängig. Ein schweres Gebäude kann größere Fensterflächen ohne Überhitzungsprobleme tagsüber vertragen. Als Faustregel sind 40 % Fenster- und 60 % TWD-Fläche ein guter Ansatz.
Die Auswirkungen einer Süd-Fassade mit transparenter Wärmedämmung und Fenstern auf das Temperaturverhalten der dahinterliegenden Räume zeigt Abbildung 14.5 anhand einer TRNSYS-Simulation.

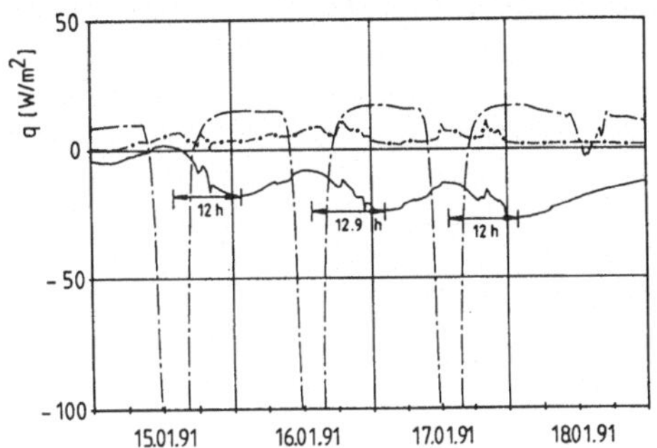

Abb. 14.4: Vergleich der gemessenen Wärmeströme in einer transparent und opak gedämmten Wand (Altbausanierung Projekt Sonnäckerweg)

—·—·— Wärmestrom Außenwandoberfläche (TWD)

———————— Wärmestrom Innenwandoberfläche (TWD)

—•—•—•— Wärmestrom opak-gedämmte Wand

Die Zeitverzögerung zwischen den Maxima der Wärmeströme der transparent gedämmten Wand beträgt zwischen 12 und 13 Stunden.

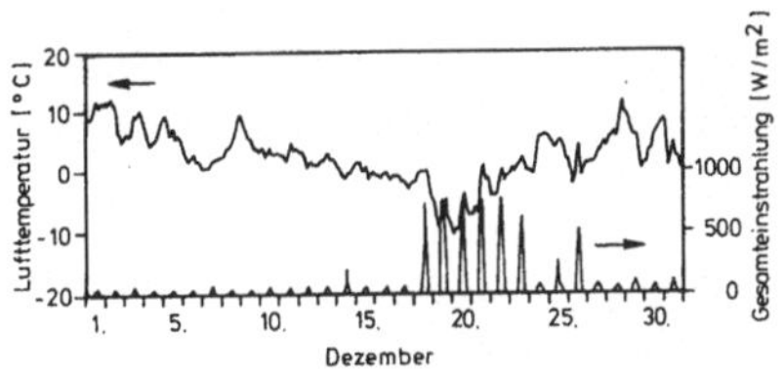

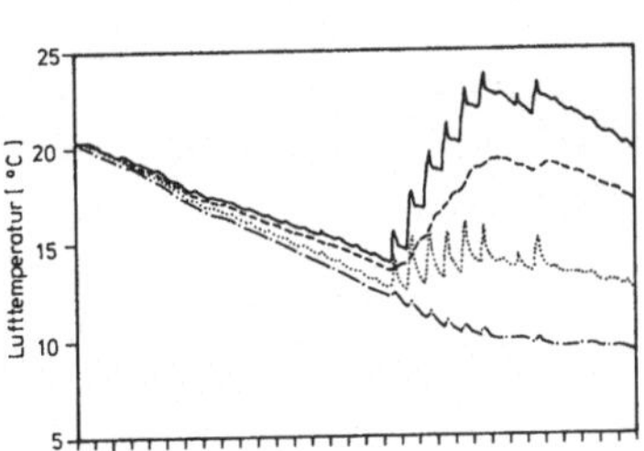

Abb. 14.5: Vergleich der Lufttemperaturen in einem unbeheizten Raum mit einer Südfassade bestehend aus 40% Fenster und 60 % TWD-Fassade für den Dezember 1992

———————— Solargewinne durch Fenster und TWD

— — — — — Solargewinne nur durch TWD

················ Solargewinne nur durch Fenster

·—·—·—·— keine Solargewinne

Für vier Gebäude mit transparenter Wärmedämmung werden in nachfolgender Tabelle charakteristische Werte der TWD-Fassaden angegeben /74/.

Tabelle 14.1:

	Freiburg Sonnäckerweg Altbausan.	Neubau Doppelhaus- hälfte	Energie- autarkes Solarhaus
Fassadenorientierung	(Südwest)	(Südwest)	(Süd)
TWD Materialdicke (cm)	10	10	12
TWD Fläche brutto (m^2)	120	61	89
k-Wert Wand(W/m^2K)	1.3	2.1	2.1
k-Wert mit TWD[1] (W/m^2K)	0.45	0.6	0.51
Wärmeverlust (kWh/m^2a)	35[2]	46[2]	41[4]
Wärmestrombilanz (kWh/m^2a)	-73[3]	-37[3]	-130[4]
Solargewinne (kWh/m^2a)	108	83	174[4]

1) ohne Verschattung

2) berechnet aus dem k-Wert mit TWD für Wetterdaten 1990

3) aufintegrierte Meßwerte einer Wärmeflußplatte an der Innenwandoberfläche

4) simulierte Werte, Raumtemperatur 18 °C

Abbildung 14.6 zeigt eine Ansicht des Energieautarken Hauses, das nach einer Planungs- und Bauzeit von 3 Jahren im Oktober 1992 fertiggestellt wurde.

Abb. 14.6: Energieautarkes Solarhaus Freiburg

möglichst klein sein. Ergänzt man die Gebäudehülle durch TWD-Fassaden mit einer positiven Energiebilanz, so gilt dieser Grundsatz nicht mehr. So ergab sich für das Energieautarke Solarhaus das Kreissegment als Grundrißform mit dem niedrigsten Energiebedarf. Nach Süden orientiert sich der Kreisbogen mit großer Fassadenfläche. Die Kreissegmentsehne schließt das Gebäude mit einer möglichst kleinen Fläche nach Norden. Das Oberflächen/Volumenverhältnis ist mit 0.76 m^{-1} groß im Vergleich zu normalen Einfamilienhäusern.

Das passive Heizungssystem über warme Außenwandflächen eines Gebäudes hat Auswirkungen auf den thermischen Komfort im Gebäude; diese Aspekte können erstmals im Energieautarken Solarhaus näher untersucht werden. Bei konventioneller Bauweise werden mit hohen Raumlufttemperaturen die niedrigen Oberflächentemperaturen der Umschließungsflächen zum Erreichen einer angenehmen Empfindungs-temperatur ausgeglichen. Damit kann allerdings nicht verhindert werden, daß es an kalten Oberflächen zu einem Kaltluftabfall und damit zu Zugerscheinungen im Raum kommen kann. Angenehme Empfindungstemperaturen werden im Energieautarken Solarhaus durch Oberflächentemperaturen höher als die Raumlufttemperaturen erreicht. Die niedrigeren Raumlufttemperaturen wirken sich signifikant auf den Heizwärmebedarf aus, da der Lüftungs-wärmebedarf damit auch reduziert wird. In Abbildung 14.7 sind erste Messungen vom Energieautarken Solarhaus gezeigt. Diese lassen sich in das in Abbildung 14.8 dargestellte Empfin-dungstemperaturdiagramm übertragen. Danach liegen die Empfindungs-temperaturen im Energieautarken Solarhaus oberhalb der Geraden, für die die Oberflächentemperaturen gleich der Raumtemperatur sind. Für ein konventionell gebautes Haus liegen die Empfindungstemperaturen ohne aktive Heizung im Allgemeinen unterhalb dieser Geraden. Die wissenschaftliche Arbeit zu Fragen des thermischen Komforts mit TWD-Fassaden ist erst am Anfang; Einflüsse der Oberflächentemperaturen und Raumluftbewegungen müssen detailliert untersucht werden. Neue Erkenntnisse werden auch in Bezug auf gesundheitliche Auswirkungen erwartet.

Mit der Entwicklung transparenter Wärmedämmsysteme haben sich für die thermische Sonnenenergienutzung neue Anwendungsbereiche eröffnet. TWD-Fassadensysteme können auch in der Sanierung im Gebäudebestand Anwendung finden; damit ergibt sich ein großes Anwendungspotential /75/. Mit einer realisierten TWD-Fassadenfläche von ca. 5000 m^2 sind erste Schritte zu einer Kommerzialisierung getan. Die Preise fertig montierter TWD-Fassaden liegen mit 500 bis 1800 DM/m^2 jedoch noch sehr hoch; dabei ist der Preis für das TWD-Material selbst - ca. 80 DM/m^2 bei einer Dicke von 10 cm - verhältnismäßig gering.

Das physikalische Verhalten transparent gedämmter Fassaden ist weitgehend verstanden. Dazu haben auch die immer stärker genutzten Möglichkeiten der dynamischen Gebäudesimulation beigetragen. Für vertikale, südorientierte Fassaden im mitteleuropäischen Klima liegt der Wirkungsgrad der Strahlungsnutzung mit 30 % für ein Solarsystem, das überwiegend während der Heizperiode betrieben wird, erfreulich hoch. Grund dafür sind die guten thermischen und optischen Eigenschaften der TWD-Materialien. Materialverbesserungen, z.B. ein Kapillarmaterial aus Glas, werden weitere Verbesserungen bringen. Auch Entwicklungen im Bereich der Fenstertechnologie sind für Fassadensysteme interessant. Neue Dreifachverglasungen mit zwei infrarot-reflektierenden Beschichtungen und Krypton-Edelgasfüllung erreichen einen k-Wert vergleichbar den TWD-Materialien; die Transmission der Dreifachverglasung ist durch Vielfachreflexionen an den Glasoberflächen geringer als bei einem TWD-System. Hoch interessant sind wiederbelebte Aktivitäten zur Entwicklung von Vakuum-Verglasungen mit k-Werten unter 0.5 W/m^{2}K. Ein Scheibenabstand von 1 Millimeter ist ausreichend. Die hohen Temperaturgradienten am Randverbund sind für die mechanische Stabilität der Scheiben das schwerwiegendste Problem.

In Bezug auf die Verschattung sei auf die Entwicklung von elektrochromen und thermotropen Schichten und Flüssigkristallen hingewiesen, die in Zukunft mechanische Verschattungssysteme ablösen können /76/.

Die transparente Wärmedämmung von Gebäudefassaden hat Auswirkungen auf die Architektur. Das Energieautarke Solarhaus ist dafür ein Beispiel. Normalerweise sollte das Oberflächen/Volumenverhältnis eines Gebäudes zur Reduktion der Transmissionswärmeverluste

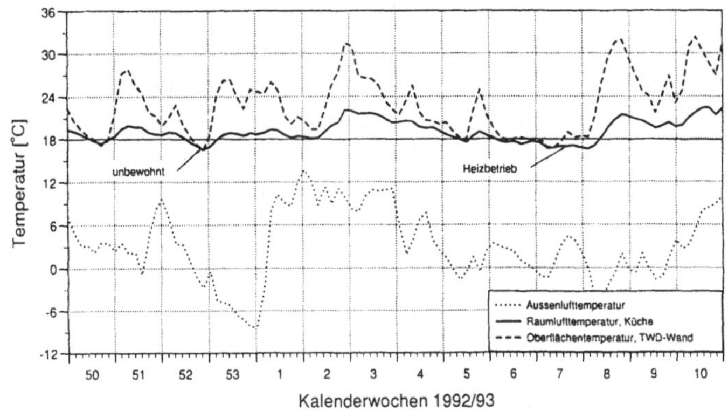

Abb. 14.7: Raum und Oberflächentemperaturen in der Küche des Energieautarken Solarhauses und Außentemperaturen in der ersten Heizperiode 1992/93.

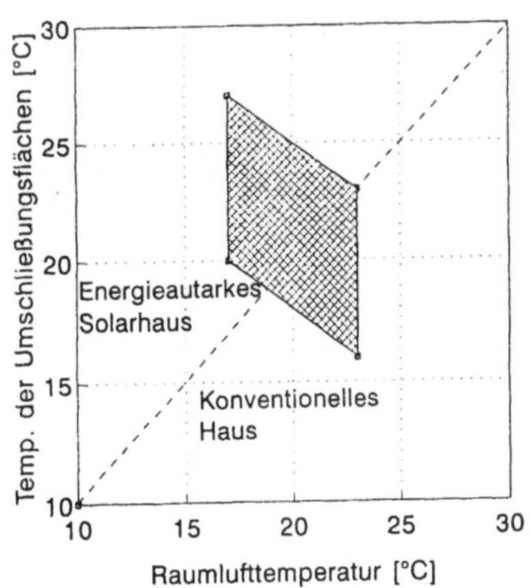

Abb. 14.8: Empfindungstemperaturdiagramm mit schraffiert eingezeichnetem Behaglichkeitsbereich

Die hier beschriebenen rein passiven TWD-Systeme - Wärme wird nur durch Wärmeleitung durch das Mauerwerk transportiert - haben zu vielfältigen Konzepten und ersten Experimenten mit aktiver Wärmeübertragung verleitet. Als Wärmeträgermedium sind Luft ähnlich der Trombe-Wand und Wasser im Gespräch. Der erhöhte technische Aufwand resultiert in einer verbesserten Regelbarkeit und Verteilung des Wärmestroms. Die Nutzung von Sonnenenergie im Sommer und eine Speicherung der Wärme kann in Betracht gezogen werden. Dies ist dann jedoch eine sogenannte Kollektorfassade, die zumindest im Fall des sommerlichen Betriebs thermisch von der Fassade getrennt werden muß, um eine Überhitzung des Gebäudes zu verhindern. Solche Entwicklungen und das hier vorgestellte rein passive TWD-Fassadensystem bieten noch vielfältige Entwicklungsmöglichkeiten.

Literaturverzeichnis

/1/ Heinloth, K.: Energie, Teubnerverlag, Stuttgart (1983)

/2/ Bölkow, L.: Energie im nächsten Jahrhundert - Bedarf und
         Deckung, Vortrag: Vereinigung industrieller
         Kraftwirtschaft, Düsseldorf (1984)

/3/ Marchetti, C. und Nakicenovic, N.: The Dynamics of Energy
         Systems and the Logistic Substitution Model
         IIASA - Report RR 79 (1979)

/4/ Energie Daten '91
         Bundesministerium für Wirtschaft, Bonn 1992

/5/ Schutz der Erdatmosphäre, Zwischenbericht der Enquetekommis-
         sion des 11. Bundestages "Vorsorge zum Schutz der
         Erdatmosphäre", ISBN 3-924521-27-1

/5a/ Volz, A: Studie über die Auswirkungen von Kohlendioxid-
         emissionen auf das Klima, Bericht der KfA - Jülich
         Nr. 1877 (1983)

/6/ Fricke, J. und Borst, W. L.: Energie, Lehrbuch der physikali-
         schen Grundlagen, Oldenbourg-Verlag, München(1981)

/7/ Heywood, H.: Solar Energy: Past, Present and Future Applica-
         tions, Engineering 176 (1953), Seite 377/80 und
         409/11

/8/ Duffie, J. and Beckmann, W.: Solar Engineering of Thermal
         Processes, John Wiley & Sons, New York (1992)

/9/ Collares-Pereira, M. and Rabl, A.,
         Solar Energy, 22, 155 (1979)

/10/   Atlas über die Sonnenstrahlung Europas, Band 1
         Verlag TÜV Rheinland (1984)

/11/   Goetzberger, A. and Zastrow, A.,
         Int. J. Solar Energy, Vol. 1, pp. 55 - 69 (1982)

/12/   Brenig, W.: Statistische Theorie der Wärme,
         Springer-Verlag, Berlin Heidelberg New York (1975)

/13/   Ben-Yosef, N. and Rose, A.,
         J. Opt. Soc. Am., Vol. 68, No. 7 (1978)

/14/   Goetzberger, A. and Greubel, W.,
         Appl. Phys., 14, 123 (1977)

/15/   Borden, P. G. et al,
         Proc. 15th Photovoltaic Spec. Conf. Orlando, 311
         (1981)

/16/   Ries, H., J. Opt. Soc. Am. 72, 380 (1982)

/17/   Yablonovitch, E.,
         Proc.16th Photovoltaic Spec. Conf. San Diego, 501
         (1982)

/18/   Luque, A., Cuevas, A., Eguren, J., del Alamo, A.,
         Proc. Int. Solar Energy Congress Brighton, (1981)

/19/   Borgese, D. et al, Proceedings of the Solar World Congress
         Perth, Vol.3, 1577 (1983) Pergamon Press

/20/   Collares-Pereira, M., Abstracts Intersol 85 Montreal, 261

/21/   Köthe, H, K.: Praxis solar- und windelektrischer
         Energieversorgung, VDI-Verlag (1982)

/22/   Wittwer, V., Stahl, W., Goetzberger, A., Proc. SPIE Conf.,
         San Diego, 428, 80 (1983)

/23/   Zastrow, A., Dissertation Freiburg 1981

/24/   Heidler, K., Dissertation Freiburg 1982

/25/   Stahl, W., Dissertation Freiburg 1984

/26/   Ries, H., Dissertation Univ. München 1985

/27/   Würfel, P., Habilitation Karlsruhe 1982

/28/   Scherber, W., Edler, w., Schröder, B., Statusbericht
         Sonnenenergie I, 211, Düsseldorf, VDI-Verlag 1980

/29/   Wilson, H. R., Wittwer, V., Proceedings of the Solar World
        Congres Perth, Vol. 4, 2115 (1983), Pergamon Press

/30/   Goetzberger, A., Stahl, W., Wittwer, V., Proceedings 6th
        Photovoltaic Solar Energy Conf., London, 209 (1985)
        D. Reidel Publishing Company

/31/   Hollands, K. G., Unny, G., Raithby, G. D. and Konicek, L.,
        Journal of Heat Transfer, $\underline{98}$, 189-93 (1976)

/32/   Meinl, A. B., Meinl, M. P.: Applied Solar Energy Adison
        Publishing Comp. 1977

/33/   Siegel, R., Howell, J. R.,: Thermal Radiation, Heat
        Transfer Tokyo Mc Graw-Hill Kogakusha,
        Ltd Inter. Student Edit. 1972

/34/   Hottel, H. C., Sarofim, A. F.: Radiative Transfer Mc Graw-
        Hill, New York (1967)

/35/   Kistler, S. S., J. Phys. Chem. $\underline{36}$ 1, 52 (1932)

/36/   Henning, S., Svennson, L., Physica Scripta, Vol. 23, 697-
        702 (1982)

/37/   Hunt, A.: Light Scattering Studies of Silica Aerogels
        Lawrence-Berkeley-Laboratory Rep. No. 15756 (1983)

/38/   Berger, X., Buriot, D., Garnier, F., Solar Energy Vol. 32,
        No. 6, 725 (1985)

/39/   Pflüger, A., Wittwer, V., Proc. SPIE Conf. San Diego $\underline{428}$
        (1984)

/40/   Hollands, K. G. T., Wright, J. L., Solar Energy,
        Vol. 30, No. 3, pp. 211 - 216 (1983)

/41/   Pflüger, A., Diplomarbeit Freiburg 1984
        Energietransport in transluzenten thermischen
        Isolationen

/41a/   Pflüger, A., Dissertation, Freiburg 1988
        Spektraler Energietransport in Transparenten
        Wärmedämmungen

/41b/   Platzer, W., Dissertation, Freiburg 1988
             Solare Transmission und Wärmetransportmechanismen
             bei transparenten Wärmedämmaterialien

/41c/   Jacobs, B., Diplomarbeit, Freiburg 1988
             Bestimmung des Gesamtenergiedurchlaßes
             transparenter Wärmedämmsysteme

/42/   Tabor, H., Proc. First E. C. Conf. on Solar Heating 515
             (1984), D. Reidel Publishing Company

/43/   Mannik, E., Schmid, R., Abstracts Intersol 85 Montreal 256

/44/   Vanoli, K., Dissertation Stuttgart 1985

/45/   Werner, H., Haustechnik Bauphysik Umwelt, 102, 121 (1981)

/46/   Deuble, W., Schmid, J., Arcus Nr. 1, 37 (1984)

/47/   Goetzberger, A., Schmid, J., Tagungsbericht
             5. Inter. Sonnenforum, Berlin, 529 (1984)

/48/   Goetzberger, A., Schmid, J., Wittwer, V. Proceedings First
             E. C. Conf. on Solar Heating 314 (1984),
             D. Reidel Publishing Company

/49/   Bertsch, K., Boy, E., Frangoudakis, A. and Heim, U.
             Proceedings First E. C. Conf. on Solar Heating 413
             (1984), D. Reidel Publishing Company

/50/   Pharabod, F., Abstracts Intersol 85, Montreal, 299

/51/   Corvi, C., Dinelli, G., Gretz, J., Strubb, A. Abstracts
             Intersol 85 Montreal, 309

/52/   Brunström, C. et al, Proc. Enerstock 85 3rd Int. Conf. on
             Energy Storage for Building Heating and Cooling,
             421, Toronto (1985)

/53/   Gruber, E., Mentzel, T., Reichert, J.
             FhG Berichte 4 - 80, 28 - 36 München (1980)

/54/   Weik, W., Plagge, J., Tagungsbericht 5. Inter. Sonnenforum
             Berlin, 342 (1985)

225

/55/   Kirn, H., Hadenfeldt, A.: Wärmepumpen Band 1
        Verlag C. F. Müller, Karlsruhe

/56/   Amannsberger, K., Schölkopf, W., BSE-Tagungsbericht
        Bewertung der Wirtschaftlichkeit regenerativer
        Energien, Fachinformationszentrum Karlsruhe

/57/   Vanoli, K., Schreitmüller, K.: Solarhaus Tiengen
        BMFT-Forschungsbericht T 84 - 249

/58/   Duff, W. S., Proceedings of the Solar World Congress Perth,
        Vol. 2, 810 (1983) Pergamon Press

/59/   Bollin, E., Schmid, J., Schäfer, E., Schmidt, Ch., Ebih, T.
        HPC News Letter, Vol. 3, No. 3, 19 (1985)

/60/   Wagner, A., Studienarbeit Univ. Karlsruhe
        ITT Wu - S - 19, März 1984

/61/   Huang, B. J., Hsieh, C. T., Solar Energy 35, 1, 31 (1985)

/62/   Scheller, W., Dissertation RWTH Aachen 1986

/63/   Schmidt, Ch., Dissertation, Darmstadt 1989
        Anwendung transparenter Wärmedämmung mit
        Wabenstruktur in integrierten Speicherkollektoren
        zur solaren Brauchwassererwärmung

/64/   Hertle, H., Diplomarbeit, Freiburg 1988
        Vergleichende Untersuchungen und Optimierung von
        Speicherkollektoren und Thermosyphonanlagen

/65/   Schmidt Ch., Goetzberger A., Schmid J.: Test results and
        evaluation of integrated collector storage systems
        with a transparent insulating cover
        Solar Energy, Vol.41, 487-494, 1988

/66/   Solaranlagen auf dem Prüfstand
        BINE Informationspaket, Verlag TÜV Rheinland

/67/   Rommel, M., Stahl, W., Wittwer, V., Tagungsbericht
        5. Inter. Sonnenforum, Berlin, S. 365 (1984)

/68/   Hohmeier, O.: Soziale Kosten des Energieverbrauchs
        Springer Verlag 1989

/69/   Winston, R., Cooker, D., Gleckmann, P.et al : Brighter Than
        the Sun, Proceedings Solar World Congress Denver,
        1991, Vol.2, Part II, p. 1905, Pergamon Press

/70/   Stahl, W., Goetzberger, A.: Das Energieautarke Haus,
        Sonnenenergie 6, S. 11-19, 1990

/71/   Voss, K., Stahl, W., Goetzberger, A.: Das Energieautarke
        Solarhaus, Bauphysik 15, 1993, Heft 1, S. 10-14

/72/   Sick, K., Kummer, J.P.: An Extension of the TRNSYS
        Multizone Component for Transparent Insulation
        Applications, Proc. Biennial Congress of ISES, Vol.
        3, Part 1, pp 3167-3172, 1993, Pergamon

/73/   Braun, P.O., Goetzberger, A., Schmid, J., Stahl, W.:
        Transparent Insulation of Building Facades - Steps
        from Research to Commercial Application, Solar
        Energy Vol. 49, No 5, pp 413-429, 1992

/74/   Voss, K. Braun, P.O., Schmid, J.: Transparente Wärmedämmung
        - Materialien, Systemtechnik und Anwendungen,
        Bauphysik 13, Heft 6, S. 217-224, 1991

/75/   Platzer, W., Wittwer, V.: Untersuchung der Bandbreite des
        wirtschaftlichen Einsatzes von transparenter
        Wärmedämmung, Tagungsbericht 7. Inter. Sonnenforum,
        S. 521-526, 1990, Sonnenenergie-Verlag

/76/   Wittwer, V.: The use of transparent insulation materials
        and optical switching layers in window systems,
        Proceedings of IEB, p 575-580, 1993, IRB-Verlag

Sachverzeichnis

Verwendete Symbole

a   Absorptionskoeffizient

E   Energie

G   Globalstrahlung

k   Wärmedurchgangskoeffizient,
    Wärmeverlustkoeffizient

Q   Wärmemenge

R   Reflexion

T   Temperatur

u   spektrale Energiedichte

D   diffuse Strahlung

Ex Exergie

I   direkte Strahlung,
    Strahlungsintenstät

n   Brechungsindex

q   Wärmeflußdichte,
    Strahlungsflußdichte

T' Transmission

α Absorptionsgrad

β Neigungswinkel

ε Extinktionskoeffizient (Kap.2)

ε Emissionsgrad

Λ Wärmedurchlaßkoeffizient

τ Transmissionsgrad

ϕ geographische Breite

η Wirkungsgrad

ξ Carnotfaktor

ξ Strahlungseindringtiefe

ν Wellenzahl

Ω Raumwinkel

α effektiver Absorptionsgrad

δ Deklination der Sonne

ε effektiver Emissionsgrad

λ Wellenlänge,

λ Wärmeleitfähigkeit

Θ Einfallswinkel zur Kollektornormalen

ρ Reflexionsgrad,

ρ Albedo

ω Stundenwinkel der Sonne,

ω Kreisfrequenz

Konstanten

$$\text{Solarkonstante} \quad I_0 = 1,353 \text{ kWm}^{-2}$$

$$\text{Plancksches Wirkungsquant} \quad \hbar = 4,13357 \ 10^{-15} \text{ eVs}$$

$$\hbar = h/2\pi$$

$$\text{Lichtgeschwindigkeit} \quad c = 2,99792 \ 10^{8} \text{ ms}^{-1}$$

$$\text{Stefan-Boltzmannsche Konstante} \quad \sigma = 5,67032 \ 10^{-8} \text{ Wm}^{-2}\text{K}^{-4}$$

$$\text{Boltzmann-Konstante} \quad k = 8,61735 \ 10^{-5} \text{ eVK}^{-1}$$

Ökologie / Umweltschutz

Anders: **Rund um das Wasser – ein physikalischer Streifzug**
74 Seiten. DM 9,80

Dawidenko: **Die Erde – unser Haus**
Nutzung und Schutz der Naturreichtümer
148 Seiten. DM 10,20

Feister: **Ozon – Sonnenbrille der Erde**
156 Seiten. DM 12,80

Fellenberg: **Chemie der Umweltbelastung**
2. Aufl. 263 Seiten. DM 32,–

Fellenberg: **Lebensraum Stadt**
287 Seiten. DM 34,–

Gasch (Hrsg.): **Windkraftanlagen**
2. Aufl. 371 Seiten. DM 52,–

Goetzberger/Wittwer: **Sonnenenergie**
3. Aufl. 213 Seiten. DM 32,–

Heinloth: **Energie**
415 Seiten. DM 42,–

Heinloth: **Energie und Umwelt**
Klimaverträgliche Nutzung von Energie
253 Seiten. DM 38,–

Heyer: **Witterung und Klima**
9. Aufl. 344 Seiten. DM 48,–

Hoffmann: **Energie aus Sonne, Wind und Meer**
Möglichkeiten und Grenzen der erneuerbaren Energiequellen
155 Seiten. DM 14,80

Mayer/Atzkern: **Verkehrsgeographie**
Verkehrsstrukturen – Verkehrspolitik – Verkehrsplanung
256 Seiten. DM 39,–

Metzler: **Dynamische Systeme in der Ökologie**
Mathematische Modelle und Simulation
210 Seiten. DM 28,80

Rathjens: **Die Formung der Erdoberfläche unter dem Einfluß des Menschen**
Grundzüge der Anthropogenetischen Geomorphologie
160 Seiten. DM 28,80

Weischet: **Einführung in die Allgemeine Klimatologie**
Physikalische und meteorologische Grundlagen
5. Aufl. 275 Seiten. DM 39,–

Preisänderungen vorbehalten.

B.G. Teubner Stuttgart · Leipzig

Teubner Studienbücher

Physik

Mayer-Kuckuk: **Atomphysik.** 3. Aufl. DM 34,–

Mayer-Kuckuk: **Kernphysik.** 5. Aufl. DM 42,–

Mommsen: **Archäometrie.** DM 38,–

Neuert: **Atomare Stoßprozesse.** DM 28,80

Nolting: **Quantentheorie des Magnetismus**
Teil 1: Grundlagen, DM 38,–
Teil 2: Modelle, DM 38,–

Raeder u. a.: **Kontrollierte Kernfusion.** DM 42,–

Renk: **Meßdatenerfassung in der Kern- und Teilchenphysik.** DM 24,80

Rohe: **Elektronik für Physiker.** 3. Aufl. DM 29,80

Rohe/Kamke: **Digitalelektronik.** DM 28,80

Schatz/Weidinger: **Nukleare Festkörperphysik.** 2. Aufl. DM 34,80

Schlachetzki: **Halbleiter-Elektronik.** DM 44,80

Schmidt: **Meßelektronik in der Kernphysik.** DM 28,80

Spatschek: **Theoretische Plasmaphysik.** DM 44,80

Theis: **Grundzüge der Quantentheorie.** DM 34,–

Walcher: **Praktikum der Physik.** 6. Aufl. DM 38,–

Wegener: **Physik für Hochschulanfänger.** 3. Aufl. DM 48,–

Wiesemann: **Einführung in die Gaselektronik.** DM 34,–

Wille: **Physik der Teilchenbeschleuniger und Synchrotronstrahlungsquellen.** DM 34,80

B. G. Teubner Stuttgart